입문 공조냉동기계기초

한 재 희 · 著

【 목 차 】

제1장 기초열역학

1. 단위(Unit)의 구분 ·· 3
2. 질량과 중량 ·· 4
3. 일과 동력 ··· 5
4. 압력 ··· 7
5. 온도와 열 ··· 10
6. 상태량 ·· 15
7. 열의 이동 ··· 16
8. 열역학의 정의와 목적 ··· 18
9. 열역학의 용어와 단위 ··· 19

제2장 냉동기초

1. 냉동의 개요 ·· 27
2. 냉매 ··· 30
3. 압축기 ·· 33
4. 응축기 ·· 38
5. 팽창밸브 ··· 42
6. 증발기 ·· 43
7. 부속기기 ··· 48
8. 안전장치 및 자동제어장치 ··· 50
9. 저온냉동장치 ·· 52

제3장 공기조화

1. 공기조화 개요 ·· 53
2. 공기의 성질 ·· 54
3. 습공기선도 ·· 56
4. 공조방식 ·· 58
5. 공조부하 ·· 60
6. 공기조화기기 ·· 63
7. 덕트 ·· 66
8. 난방설비 ·· 69

제4장 배관일반

1. 배관재료 선정시 고려사항 ·· 75
2. 강관 ·· 75
3. 동관(구리관) ·· 76
4. 밸브의 종류 ·· 77
5. 배관 기타장치 ·· 78
6. 배관 지지장치 ·· 78
7. 보온재 ·· 79
8. 배관내 유체에 따른 문자기호 ·· 79
9. 배관의 도시기호 ·· 79
10. 배관의 길이설계 ·· 80
11. 곡관(밴딩부분)의 실제길이 ·· 80

입문 **공조냉동기계기초**

제1장 기초열역학

1. 단위(Unit)

단위란 물리적 혹은 공학적 계산을 하기 위하여 미리 정해 놓은 기호를 말한다.

1) 단위의 구분

① 기본단위 : 물리단위중 가장 기본이 되는 단위이며, 일상생활에서도 많이 접하는 m(미터), kg(킬로그램) 등이 이에 포함된다.

구분	중력계 단위(중량위주)	절대계 단위(질량위주)
길이	m	m
질량(중량)	kg_f (중량)	kg (질량)
시간	sec (세컨드)	sec (세컨드)
온도	K (켈빈)	K (켈빈)
전류	A (암페어)	A (암페어)
광도	Cd (칸델라)	Cd (칸델라)
물질량	mol (몰)	mol (몰)

위 기본단위들은 모든 단위의 기초가 되므로 임의로 변할 수 없으며, 보통 중력계 단위를 공학계 단위라고도 한다. 또한, 중력계 단위의 중량 개념을 질량 개념으로 대체한 것을 절대계 단위라 한다.

② 응용단위 : 기본단위를 응용/조합하여 만드는 단위이며 유도단위라고도 한다.

ex) 면적 $[m^2]$ = 길이 $[m]$ × 길이 $[m]$,
부피 $[m^3]$ = 길이 $[m]$ × 길이 $[m]$ × 길이 $[m]$,
속도 $[m/s]$ = 거리 $[m]$ / 시간 $[s]$

> ※ 질량 혹은 중량의 단위 중 어떤 것을 사용함에 따라 유도되는 단위가 각각 다르기 때문에 이를 표현하는 방법이 아래 예시처럼 나타나게 된다.

절대단위에서 질량이 기본단위이므로 힘(중량) = 질량 × 가속도 $[N] = kg \times m/s^2$ → 힘은 유도단위에 속하며 단위는 $[kg \cdot m/s^2]$ 또는 뉴턴 $[N]$ 이라 한다.	절대단위에서 중량이 기본단위이므로 중량 = 질량 × 중력가속도 $[kg_f] = kg \times 9.8 m/s^2$ → 중량은 유도단위에 속하며 단위는 $[kg_f]$ 이다.

※ 중력단위와 절대단위의 유도단위 비교

구분	계산식	중력단위	절대단위
힘 중량	질량 × 가속도 질량 × 중력가속도	kg_f	$kg \cdot m/s^2$ $= N[뉴턴]$
질량	중량/중력가속도	$kg_f \cdot s^2/m$	kg
압력	힘/면적 = 중량/면적	kg_f/m^2	$N/m^2 = Pa[파스칼]$
일,열량,에너지		$kg_f \cdot m$ 혹은 $kcal$	$J[주울]$

③ 보조단위 : 기본단위, 유도단위의 크기를 세분화하기 위해 단위 앞에 사용하는 기호

기호	발음	의미	기호	발음	의미
T	테라	10^{12}	c	센티	10^{-2}
G	기가	10^9	m	밀리	10^{-3}
M	메가	10^6	μ	마이크로	10^{-6}
k	킬로	10^3	n	나노	10^{-9}
h	헥토	10^2	p	피코	10^{-12}
da, D	데카	10	f	펨토	10^{-15}
d	데시	10^{-1}	a	아토	10^{-18}

> ※ 단위와 기호
> 단위는 표기방법과 읽는 법을 미리 정하여 놓은 것이며, [ ] 안에 고딕체로 표기한다.
> 기호는 공식을 간단하게 표기하기 위하여 사용하며, 표기방법이 다를 수 있다. 또한 읽는 것은 영어철자대로 읽는다. 괄호 안에 표기하지 않는다.
> ex) [V]단위 : 볼트,   V 단위 : 부피 혹은 속도

2. 질량과 중량

질량은 물체의 고유한 양을 표현한 것으로 어떠한 조건에서도 변하지 않는 양이며, 중량은 물체에 작용하는 중력의 크기를 적용한 양을 말한다. 또한, 중량은 힘(Force)과 같은 의미이기도 하다.

제1장. 기초열역학

1) 힘 = 질량 × 가속도

힘은 질량에 가속도를 곱한 값이다.(단위는 뉴턴[N]이며, 주로 절대계에서 사용한다.)
ex) 1[N] = 질량 1[kg] × 가속도 $1[m/s^2]$
→ 힘 1[N]은 질량 1[kg]의 물체에 가속도 $1[m/s^2]$를 가하였을 때의 에너지

2) 중량 = 질량 × 중력가속도

힘의 종류 중의 하나인 중량은 질량에 중력가속도를 곱한 값이다. 지구상의 중력가속도($9.8 m/s^2$)를 곱한 값이며, 앞서 다룬 힘의 9.8배의 에너지를 갖고 있다고 할 수 있다.

ex) $1[kg_f]$ = 중량 $1[kg_f]$ = 질량 1[kg] × 중력가속도 $9.8[m/s^2]$
= $9.8[kg \cdot m/s^2]$ = 9.8[N]

※ 어떤 물체가 가속도를 얻으려면 힘이 필요한데, 자동차나 비행기 등의 엔진의 힘으로 그 물체가 가속되며, 지구상에서 높은 곳에 있는 물체가 떨어질 때 지구가 물체를 당기는 힘[중력]에 의해 그 속도가 점점 빨라진다. 그 속도는 중력가속도인 $9.8[m/s^2]$이 일정하게 작용하여 점점 빨라지는 것이다.

3. 일과 동력

1) 일 = 힘 × 거리(= 중량 × 거리)

일은 일정한 힘으로 일정한 거리를 이동한 양을 말하며 단위는 [J]주울이다.
1[J] = 1[N] × 1[m]
즉, 일 1[J]은 힘 1[N]으로 거리 1[m] 이동시킨 양.

2) 주울의 실험

일정한 무게(중량)을 갖는 추를 떨어뜨려 회전축을 회전시키면 물속의 날개(Paddles)가 같이 회전하면서 물과의 마찰로 열을 발생하게 된다. 이때 발생한 열은 [열량 = 질량 × 비열 × 온도차]에 의하여 구해지며, 이 실험에 의해 중량 $1[kg_f]$를 1[m] 떨어뜨릴 때 발생한 열을 측정한 결과 1/427 [kcal]가 발생하였다.

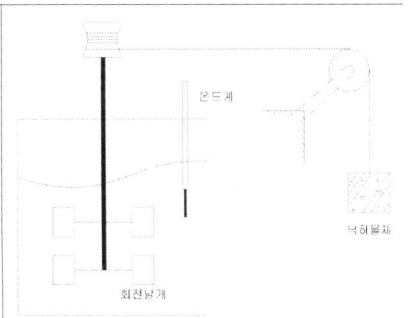

→ 위 실험의 결과 일량은 열량으로 전환이 가능하며, 일정한 비율로 전환된다. 그 값은 추의 질량 1[kg]가 중력가속도 $9.8[m/s^2]$의 속도로 1[m] 이동시켜 한 일 9.8J(=$1kg_f \cdot m$)이며, 그 일량은 1/427 [kcal]의 열량으로 변환된 것이다.

3) 일의 열당량(A)와 열의 일당량(J)

앞서 기술된 내용에 의하면 일은 열로 혹은 열은 일로 변환이 가능하며, 그 내용을 수식으로 표현도 가능함을 알 수 있었다. 그래서 일과 열의 상관관계를 기호로도 표현할 수 있으며 다음과 같이 약속되었다.

① 일의 열당량 (A)

일을 하여 발생하는 열에 해당하는 양 A

A (일의 열당량) = 1/427 [kcal/kg_f·m] ·

→ 1[kg_f]을 1[m] 움직일 때마다 1/427[kcal/kg_f·m]씩 열이 발생한다.

② 열의 일당량 (J)

열을 발생하여 일을 할 수 있을 때의 일의 양 J

J (열의 일당량) = 427 [kg_f·m/kcal]

→ 1[kcal]의 열량은 427[kg_f]를 1[m] 움직이게 할 수 있는 양이다

> ※ 일량의 단위에서 [J]은 절대단위로 쓰이고, [kg_f·m]는 중력단위에서 사용한다.
> 열량의 단위에서 [J]은 일량과 같이 절대단위로 쓰이고, 중력단위로는 [kcal]가 쓰인다.

4) 동력

동력은 단위시간당 할 수 있는 일의 양을 말하는 것이며 어떤 기계장치들의 능력이나 용량을 표시할 때 사용된다.

① 동력의 개념

동력 = 일/시간(=힘×거리/시간)
     = 열/시간

② 동력의 단위

1[W](와트) = 1 [J]/ 1[s]

→ 동력 1[W]는 1초[s] 동안 1[J]의 일을 한 능력

1[kW]=1000[W]=1000[J/s]=1000[N·m/s]=1000/9.8[kg_f·m/s]≒102[kg_f·m/s]

1[PS](마력)=75[kg_f·m/s]

→ 프랑스말을 기준으로 동력을 정한 단위임. 1초에 75[kg_f]를 1[m]씩 끌고 갈수 있는 능력

1[HP](마력)=76[kg_f·m/s]

→ 영국말을 기준으로 동력을 정한 단위임. 1초에 76[kg_f]를 1[m]씩 끌고 갈수 있는 능력

③ 동력의 열량전환(시간당:h)

그러면 앞서 설명되었던 일은 열로, 열은 일로 변환이 가능하다면 위 동력의 단위도 변환 가능함을 알 수 있게 되었다. 이를 한 번 수식으로 서술해보면,

1[kW] = 102[kg_f·m/s] = 102 × 1/427 × 3600[s] ≒ 860[kcal/h]
→ 동력의 단위 1[kW]는 1[s]초당 102[kg_f·m]의 일을 할 수 있으며, 열량 환산계수 A와 1시간(3,600초)을 곱하면 약 860kcal의 열량과도 같은 값이다.

1[PS] = 75[kg_f·m/s] = 75 × 1/427 × 3600[s] ≒ 632[kcal/h] ≒ 0.735[kW]
→ 동력의 단위 1[PS]는 1[s]초당 75[kg_f·m]의 일을 할 수 있으며, 열량 환산계수 A와 1시간(3,600초)을 곱하면 약 632kcal의 열량과도 같은 값이다.
(1[PS]마력은 1[kW]의 0.735배 정도의 값)

1[HP](마력) = 76[kg_f·m/s] = 76 × 1/427 × 3600[s] ≒ 641[kcal/h] ≒ 0.745[kW]
→ 동력의 단위 1[HP]는 1[s]초당 76[kg_f·m]의 일을 할 수 있으며, 열량 환산계수 A와 1시간(3,600초)을 곱하면 약 641kcal의 열량과도 같은 값이다.
(1[HP]마력은 1[kW]의 0.745배 정도의 값)

※ 힘, 중량은 일을 할 수 있으며 그 일의 양이 단위시간당 한 능력으로 표현된 것이 동력임을 알 수 있었다. 또한, 그 값이 일정한 약속된 값에 의해 변환되어 열량으로 표현될 수 있으며, 각각의 동력 단위들과의 크기나 양에 있어 비교할 수 있는 상관관계를 찾아볼 수 있었다. 이제 조금 더 나아가 힘, 중량이 압력으로 바뀌어지는 것을 살펴볼 수 있겠다.

4. 압력

압력은 어떤 물질 혹은 물체가 단위면적당 누르는 힘 또는 중량을 말한다. 따라서 단위는 [kg_f/m^2]이 기본이 되며 이 또한 변환이 가능하다.

1) 압력을 구하는 방법
① 물체가 고체일 때

같은 중량이라도 밑면적이 작을수록 압력이 증가한다. 즉, 비중량(밀도)이 큰 물체가 압력이 크고, 같은 크기를 갖는 물체라도 중량이 큰 물체가 압력이 크다.

압력[kg_f/m^2] = 전체중량[kg_f] / 밑면적[m^2]

② 물체가 유체일 때

유체의 압력은 유체의 비중량과 유체의 높이(깊이)에 비례한다.

압력$[kg_f/m^2]$=비중량$[kg_f/m^3]$/높이$[m]$

$\quad P \quad = \quad \gamma \quad \cdot \quad h$

  압력 = 비중량 · 높이

$[kg_f/m^2] = [kg_f/m^3] \cdot [m]$

※ 유체의 높이를 압력으로 구할 때에는 높이=압력/비중량 으로 구할 수 있다.

2) 압력단위의 표현

압력의 단위는 크게 단위면적당 중량, 힘, 과 표준액체(물, 수은)의 높이로 나타낼 수 있다.

① 중량/면적 : $[kg_f/cm^2]$, $[kg_f/m^2]$, $[Lb/in^2]$

② 힘/면적 : $[N/m^2]$, Pa(파스칼)

③ 약주 : 수은주$[mmHg]$, $[cmHg]$, $[inHg]$

  수주$[mmH_2O]$, $[mH_2O]$(=$[mmAq]$)

3) 토리첼리 실험과 표준대기압$[atm]$

① 토리첼리(Torricelli) 실험에 의해 수은주 높이로 760$[mmHg]$에 해당하는 것이 측정됨.

② 수은주 높이 760$[mmHg]$의 압력을 계산하면 약 1.0332$[kg_f/cm^2]$가 됨

③ 지구상 위도 45° 해수면에서 측정한 대기압, 평균적으로 지구의 공기가 지표면을 누르는 압력

※토리첼리의 대기압 측정실험
유리관속의 수은이 내려오는 압력(높이76cm)과 외부의 공기 대기압이 같으므로 평형상태를 이룬다. 그리고 유체의 압력은 비중량과 높이에 비례하므로 수은의 비중량(13.5954$[g_f/cm^3]$) × 76$[cm]$=1033.25$[g_f/cm^2]$=1.0332$[kg_f/cm^2]$

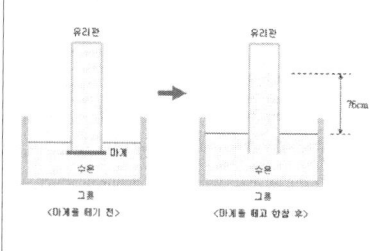

④ 1$[atm]$(표준대기압)은

  높이로 =760$[mmHg]$(수은주)=10.332$[mH_2O]$(수주)

  압력으로=1.0332$[kg_f/cm^2]$=101$[kPa]$=0.1$[MPa]$=14.7$[Lb/in^2]$

  바(bar)로=1.01325$[bar]$

※ 압력단위의 환산법

㉠ 중력계와 절대계환산

중력계단위의 $[kg_f/m^2]$을 절대계단위로 환산하면 $1[kg_f]=9.8[N]$이므로 $1[kg_f/m^2]=9.8[N/m^2]$

따라서, 대기압 $1.0332[kg_f/cm^2]=10332[kg_f/m^2]=10332\times9.8[N/m^2]$ ≒ $101325[N/m^2]$, 또 압력의 단위 $[N/m^2]=[Pa]$이므로 $101325[Pa]$이되며, 약 $101[kPa]$이 된다.

㉡ 면적 변화에 따른 환산

$1[kg_f/cm^2]$은 면적 $1[cm^2]$ 마다 $1[kg_f]$의 중량으로 누른다는 뜻임. 따라서 면적이 $10000[cm^2]$인, 즉 $1[m^2]$로 증가하면 전체 중량은 $10000[kg_f]$가 됨.

$1[kg_f/m^2]=10000[kg_f/cm^2]$

㉢ 미국계와 영국계 단위 환산

$1[kg_f/cm^2]$를 $[Lb/in^2]$로 환산하려면, $1[kg_f]$은 $2.205[Lb]$(파운드)이고, $1in$는 $2.54cm$이므로 $1[kg_f/cm^2] = \dfrac{2.205}{(\dfrac{1}{2.54^2})}Lb/in^2 = 14.2[Lb/in^2]$ 가 됨.

※ 하지만 대기압은 $1.0332[kg_f/cm^2]$이므로 영국계 대기압은 $14.7[Lb/in^2]$가 된다.

4) 공학기압[at]

대기압 1기압을 $1[kg_f/cm^2]$으로 간주하여 계산상 편리하게 한 것으로 표준대기압[atm]과 구분하여 공학기압 기호인 [at]로 표시하고,

$1[at]=1[kg_f/cm^2]=735.5[mmHg]=10[mH_2O]=0.98[MPa]=0.98[bar]=14.2[Lb/in^2]$

5) 절대압, 게이지압, 대기압, 진공압

① 절대압(abs, a) : 완전진공을 0으로 하여 계산한 압력이며 입력단위 뒤에 "abs" 또는 "a"를 표시한다.

② 게이지압(g, atg) : 대기압을 0으로 하여 측정한 압력으로 일반적으로 대기압보다 높은 경우의 압력을 말한다. 일반적으로 측정되는 압력이 게이지압이며 단위 뒤에 "g" 또는 "atg"라고 표시한다.

③ 대기압 : 기압계로 측정한 공기의 압력이며 장소마다, 위치마다 다름. 실제 측정이 곤란할 경우 표준대기압을 적용한다.
④ 진공압(v, atv) : 진공계로 측정한 압력으로 대기압 상태에서 공기압을 뺀 정도가 측정됨.

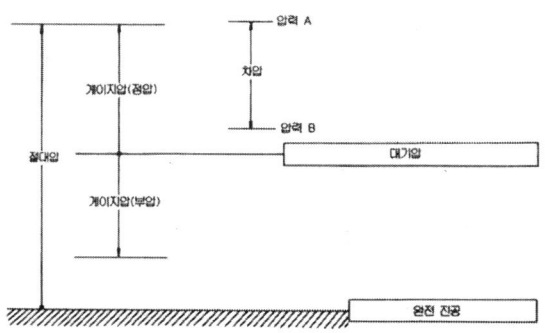

위 그림으로 정리하면
　㉠ 대기압 이상일 때 절대압 = 대기압 + 게이지압(정압)
　㉡ 대기압 이하일 때 절대압 = 대기압 - 게이지압(부압, 진공압)

⑤ 진공도 : 진공이 이루어진 비율(대기압 중에 진공압의 비율)로 = $\frac{진공압}{대기압} \times 100(\%)$로 나타냄.

5. 온도와 열

1) 온도
온도란 물질의 뜨겁고 차가운 정도의 값을 나타낸 것, 혹은 물질의 분자운동에너지의 세기를 나타낸 것이다. 일반적으로 섭씨온도를 가장 많이 사용하나 공학적 계산을 위하여 절대온도로 변환하여 계산되어 진다.
① 일반온도
　㉠ 섭씨온도(℃) : 물의 어는점을 0, 끓는점을 100, 그 사이를 100등분한 온도.
→ 셀시우스(Celsius)의 앞 글자[C]와 보조단위[°]를 붙인 것이다.
　㉡ 화씨온도(℉) : 물의 어는점을 32, 끓는점을 212, 그 사이를 180등분한 온도.
→ 화렌하이트(Fahrenheit)의 앞 글자[F]와 보조단위[°]를 붙인 것이다.
② 절대온도
물질의 분자운동에너지가 정지된 상태를 0(기준)으로 한 온도
　㉠ 켈빈온동[K] : 섭씨 절대온도이며 [K]=[℃]+273

ⓒ 랭킨온도[R] : 화씨 절대온도이며 [R] = [°F] + 460

※ 절대온도의 이해

물질의 온도가 나타나는 이유는 물질의 분자에 축적된 내부에너지에 따라 다르게 되며, 많은 에너지가 저장될수록 운동이 활발하여 온도가 오르거나 내려가서 그 물질의 상태가 변하게 된다. 물의 삼중점 0.01[°C]를 기준으로 1[°C] 감소할 때마다 분자운동에너지가 1/273씩 감소하게 되며, -273.15[°C]에 이르게 되면 그 물질은 존재하지 안하게 된다. 이 점을 기준으로 하여 0으로 표시하고, 온도를 나타낸 것을 절대온도라고 한다. 이러한 내용을 켈빈(Kelvin)이 주장하여 그 이름의 앞 글자[K]를 붙여 사용하게 되었다. 이후 소숫점 이하는 생략하고 절대온도의 기준을 -273[°C]를 0[K]으로 하였다.

2) 온도의 환산

온도를 표시하는 단위가 4가지이므로 서로의 온도 값을 환산할 수 있어야 함.

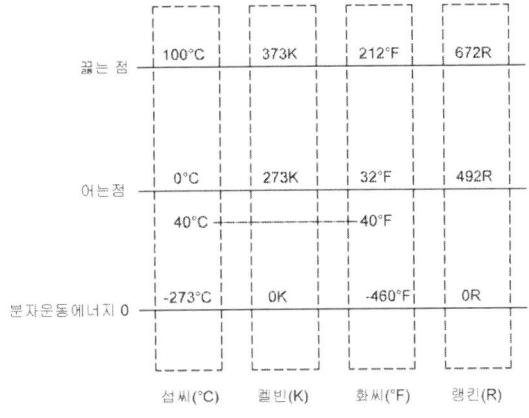

① 섭씨온도와 화씨온도의 환산

섭씨온도는 어는점과 끓는 점을 100등분 하였고, 화씨온도는 180등분 하였으니, 섭씨온도의 어느 한 위치의 온도는 $\frac{°C}{100}$ 이며, 같은 온도의 화씨는 어는점 32°F 부터 212°F의 어느 한 위치의 온도 $\frac{°F-32}{180}$ 와 같은 값이다. 따라서 이를 수식으로 표현하면,

$\frac{°C}{100} = \frac{°F-32}{180}$ 이 되며 다시 섭씨와 화씨 기준의 식으로 나타내면,

$°C = \frac{5}{9}(°F-32)$, $°F = \frac{9}{5}°C + 32$ 가 된다.

② 섭씨, 화씨온도로부터 켈빈, 랭킨온도 구하기

$K = °C + 273$ (섭씨 -273[°C]는 절대온도 0[K])

$R = °F + 460$ ($= 1.8 \times K$)(랭킨온도는 화씨온도의 1.8배의 눈금을 갖고 있음)

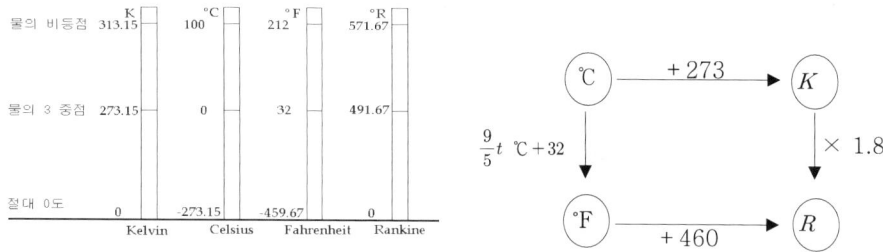

3) 열량

어떤 물체의 온도를 변화시키는 에너지의 한 형태로 어떤 물질이 보유하고 있는 열의 많고 적음을 나타낸 것

① 열량단위

㉠ 1[kcal] : 표준대기압 하에서 순수한 물 1[kg]을 0[°C]에서 100[°C]까지 올리는데 필요한 열량의 1/100의 열량

㉡ 15°C[kcal] : 준대기압 하에서 순수한 물 1[kg]을 14.5[°C]에서 15.5[°C]까지 올리는데 필요한 열량

㉢ 1[BTU] : 순수한 물 1[Lb]를 표준상태 하에서 1[°F]만큼 올리는데 필요한 열량

(순수한 물 1[Lb]를 표준상태 하에서 32[°F]에서 212[°F]만큼 올리는데 필요한 열량의 1/180의 열량)

㉣ 1[CHU] : 순수한 물 1[Lb]를 표준상태 하에서 14.5[°C]에서 15.5[°C]까지 올리는데 필요한 열량

kcal	BTU	CHU	kJ	비고
1	3.968	2.205	4.1867	
0.2520	1	0.5556	1.055	$1kg = 2.205 Lb, 1°C = 1.8°F$
0.4536	1.8	1	1.899	$\therefore 1kcal = 2.205 \times 1.8 = 3.968 [BTU]$
0.23885	0.94783	0.52657	1	

4) 비열과 비열비

① 비열[kcal/kg°C] : 어떤 물질 1[kg]을 1[°C]올리는데 필요한 열량

※ 물질에 따라 비열값은 각각 다르다. 어떤 물질을 가열할 때 쉽게 뜨거워지는 물질은 비열값이 작아서이고, 반대로 비열값이 큰 물질일수록 오랜 시간 가열하거나 많은 열을 가해야 한다.
물의 비열 : $1\,[kcal/kg\,°C]$, 얼음의 비열 : $0.5\,[kcal/kg\,°C]$
증기의 비열 : $0.446\,[kcal/kg\,°C]$, 공기의 비열 : $0.24\,[kcal/kg\,°C]$

② 기체의 비열

기체는 주변의 조건에 따라 온도상승에 필요한 열이 다름

㉠ 정압비열[C_p] : 기체의 압력을 일정하게 유지한 상태에서 측정한 비열

→ 압력을 일정하게 하여 가열하면 체적은 계속 커지고 목적한 온도나 상태까지 도달하려면 보다 많은 열량을 가하여야 함.

㉡ 정적비열[C_v] : 기체의 체적을 일정하게 유지한 상태에서 측정한 비열

→ 체적을 일정하게 하면 압력이 높아지고 분자간 충돌에 의해 열이 비교적 빨리 발생하여 목적한 온도나 상태까지 도달하게 됨.

㉢ 비열비 [K] : 기체의 정압비열과 정적비열의 비이며 항상 1보다 크다.(단, 기체에만 적용)

$$K = \frac{C_p}{C_v} > 1$$

※ 냉매의 비열비가 크면,
기체의비열비가 크다는 것은 정압비열에 비해 정적비열의 비가 작다는 의미로, 보통 밀폐된 상태에서 압축시 온도상승이 빠르다는 의미이기도 하다. 이는 압축 후 토출가스의 온도가 높아져 압축기의 과열을 일으키고, 이를 방지하기 위해 압축기 헤드에 워터자켓을 설치하여 압축기를 냉각(수냉방식)시키게 된다. 반대로 비열비가 작은(정적비열이 상대적으로 작은(그러하더라도 $C_p > C_v$ 임)) 기체는 공기냉각방식으로 압축기를 냉각시킨다.

5) 열용량[Q]

어떤 물질의 온도를 $1[°C]$ 상승시키는데 필요한 열량이며 단위는 $[kcal/°C]$이다. 일반적으로 질량이 동일하다면, 열용량이 큰 물질이 비열이 크다.

$Q = G \times C \,(= p \times v \times c)$

(여기서, G : 질량$[kg]$, C : 비열$[kcal/kg\,°C]$, p : 비중, v : 체적)

6) 현열과 잠열

① 현열(감열) : 물질의 상태변화 없이 온도만 변화할 때 필요한 열

$Q = G \times C \times \Delta t\,[kcal]$ (G : 중량$[kg]$, C : 비열$[kcal/kg\,°C]$, Δt : 온도차$[°C]$)

② 잠열(숨은열) : 물질의 온도변화 없이 상태만 변화할 때 필요한 열
$Q = G \times \gamma$ (G : 중량 $[kg]$, γ : 고유잠열 $[kcal/kg]$)

※ 잠열에 대해
 어떤 물체에 열을 가할 때 상태가 변화하는 순간에 열을 흡수 혹은 방출하며 온도는 변하지 않는 구간이 있다. 이 구간에서는 온도계로 측정해도 열의 출입을 감지할 수 없으므로 숨은열(잠열)이라 한다. 예를 들어 물의 응고 혹은 얼음이 융해될 때나, 물이 증발 혹은 공기의 응축 현상이 일어날 때의 열을 잠열이라고 한다.

7) 물질의 3태
물체의 고체, 액체, 기체 상태를 말하며 상태변화시 에너지 출입이 있다(잠열).
 ① 융해열 : 고체에서 액체로 녹을 때 필요한 열량
 ② 응고열 : 액체에서 고체로 굳을 때 제거해야 할 열량
 ③ 증발열 : 액체에서 기체로 증발할 때 필요한 열량
 ④ 응축열 : 기체에서 액체로 응축될 때 제거해야 할 열량
 ⑤ 승화열 : 고체에서 기체로(혹은 그 반대로) 승화할 때 필요한 열량

※ 물의 4중점 : 물의 3태(물, 수증기, 얼음)이 동시에 존재하는 온도점이며 0.01[°C]이다

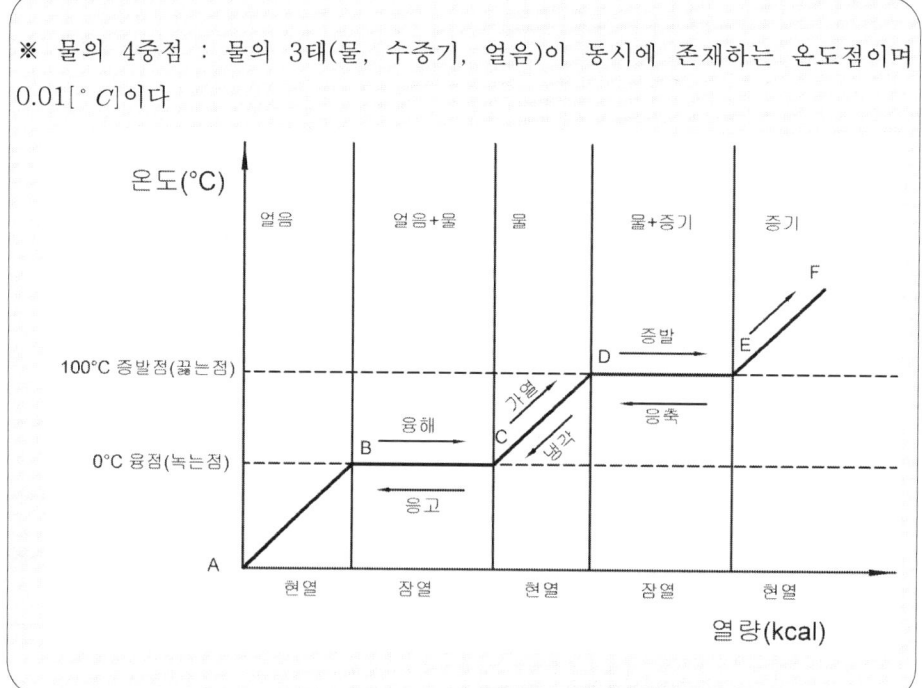

제1장. 기초열역학

※ 열량 환산식의 변화

구분	열량 [kcal]	물질의 양 [kg, Nm³]	비열 [kcal/kg°C, kcal/Nm³°C]	온도차 [°C]
열용량 [kcal/°C]	물질의 비열[kcal/kg°C, kcal/Nm³°C] 과 물질의 양[kg, Nm³] 을 곱한 값 → 물질을 1[°C] 올리기 위해 그 물질의 양 만큼의 필요한 열량			
잠열 [kcal/kg]				
엔탈피 [kcal/kg]	물질의 비열[kcal/kg°C, kcal/Nm³°C]과 온도차[°C]를 곱한 값 → 물질의 어떤 목적을 위해 1[kg]당 필요한 열량			
저위발열량 [kcal/kg]				

6. 상태량

1) 상태와 성질(= 성질 : quality)

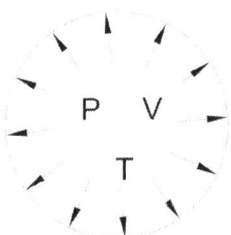

① 구분
 - 기본상태량 : 물질의 질량에 따라서 변화하지 않는 양(압력, 체적, 온도)
 - 열적상태량 : 물질의 질량에 따라서 변화하는 양(내부에너지, 엔탈피, 엔트로피)
※ 점함수(= 성질) : 명확한 구분을 할 수 있는 것. 대부분이 점함수임.

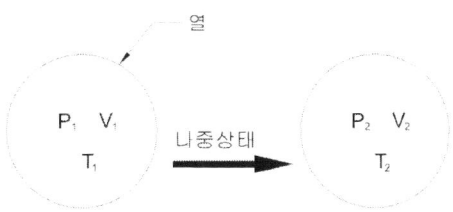

처음과 나중 상태의 구분이 가능한 것들(ex. P, V, T)이 점함수임

예외) 열량(Q), 일량(W)은 점함수가 아님(=과정=경로=도정함수임). 즉, 성질이 아님.

※ 점함수 ==> 전미분(d)
  과정(=경로=도정)함수 ==> 편미분(δ, ∂)
  ex. Q □ (미분) □ dQ(X)   W □ (미분) □ dW(X)
      Q □ (미분) □ δQ, ∂Q(O)   W □ (미분) □ dW(O)

2) 상태량의 종류

① 강도성 상태량 : 물질의 질량에 관계없이 그 크기가 결정되는 상태량
  ex. 압력(P), 온도(T), 비상태량(v, h, s, v)

② 종량성 상태량 : 물질의 질량에 따라 그 크기가 결정되는 상태량
  ex. 내부에너지(U), 엔탈피(H), 엔트로피(S), 체적(V)

③ 비상태량 = $\dfrac{종량성\,상태량}{질량(m)}$ ==> (SI단위)

    = $\dfrac{종량성\,상태량}{중량(G)}$ ==> (관용단위)

  ex. 비내부에너지 $u = \dfrac{U}{m}(SI단위)$,   비엔탈피 $h = \dfrac{H}{m}(SI단위)$

              $= \dfrac{U}{G}(관용단위)$ $= \dfrac{H}{G}(관용단위)$

      비엔트로피 $s = \dfrac{S}{m}(SI단위)$,   비체적 $v = \dfrac{V}{m}(SI단위)$

              $= \dfrac{S}{G}(관용단위)$ $= \dfrac{V}{G}(관용단위)$

※ 이런 비 상태량은 강도성 상태량임(v, h, s, v)

상태량의 종류를 구분지을 때 기본상태량인 압력(P)과 온도(T)는 강도성 상태량이고, 체적(V)은 종량성 상태량임. 하지만 체적을 포함한 열적 상태량(U, H, S)의 비상태량값인 v, h, s, v 들은 강도성 상태량임.

7. 열의 이동

열은 고온에서 저온으로 이동하는데 온도차가 클수록 이동하는 열량이 증가하고, 열의 이동하는 종류도 전도, 대류, 복사의 방법으로 이동한다. 또한, 열의 이동은 일반적으로 2가지 이상이 복합적으로 일어나며, 복사열은 검은 색이 가장 잘 흡수하고, 흰색이 가장 잘 반사하기 때문에, 가정용 냉장고의 응축기가 검은색인 이유이기도 하다.

1) 열전도

어떤 물체의 내부에서 열이 이동하는 현상으로 물체 내부의 고온부분에서 저온부분으로 이동하는 현상이다.

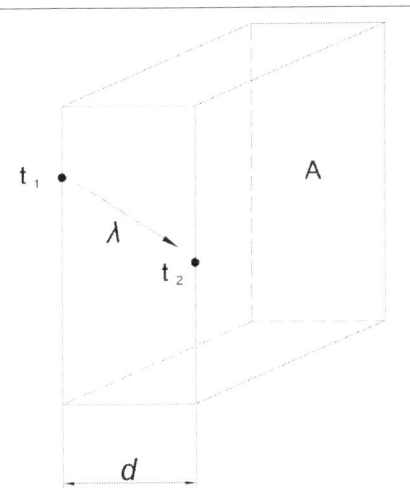

Q : 열전달량 $[kcal/h]$
λ : 열전도율 $[kcal/m\,h\,°C]$
A : 면적 $[m^2]$
$d(l)$: 고체의 두께 $[m]$
t_1 : 고온 $[°C]$
t_2 : 저온 $[°C]$

① 열전도율 $[\lambda : kcal/m\,h\,°C]$

전열면적 $1[m^2]$인 물체에서 길이가 $1[m]$일 때 안과 밖의 온도차가 $1[°C]$에 고체의 두께 $1[m]$를 1시간 동안 통과하는 열량

② 열전도 열량 $[Q : kcal/h]$

일정 크기의 전열면적$[m^2]$과 일정 온도차$[°C]$, 일정 시간동안 흐른 총열량. 퓨리에 열전도법칙이라고도 하며 그 식은

$Q = \dfrac{\lambda}{l} \times A \times (t_1 - t_2)\,[kcal/h]$

2) 대류

액체나 기체는 온도차에 의하여 밀도가 변하고 유체는 순환운동을 하여 온도가 올라간다. 이러한 물질이 순환운동량의 대류라고 한다. 즉, 밀도차에 의한 유체의 유동에 의한 열의 이동현상이다. 유체의 비중차에 의해서 자연히 열이 이동되는 것을 자연대류라고 하며, 송풍기나 배풍기, 펌프 등으로 강제로 열을 이동시키는 것을 강제대류라고 하며, 에어컨이 그 예로 들 수 있다. 대류 열 전달량은 다음과 같이 구한다.

$Q = \alpha \times A \times (t_1 - t_2)\,[kcal/h]$, (α : 대류열전달율$[kcal/m^2 h\,°C]$)

보통 액체가 기체보다 열 전달율이 크다. 또한, 접촉 면적이 클수록, 접촉면적이 거칠수록, 유체의 흐름이 빠를수록, 유체의 흐름이 난류일수록 열전달율이 커진다.

3) 열관류, 열통과

전도와 전달이 함께 이루어지는 것으로서 고온의 유체에 고체의 물질을 통과하여 저온의 유체에 열이 전달되는 것을 말하며 이 경우에는 전도, 대류, 복사의 모든 작용이 이루어진다.

① 열관류율(= 열통과율)$K[kcal/m^2h\,°C]$

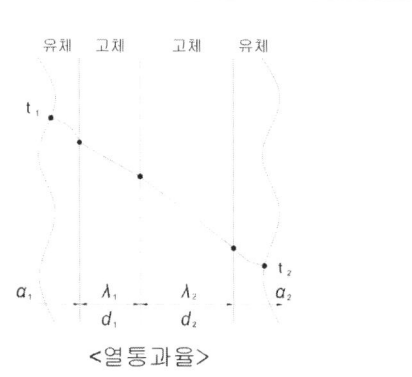

α_1 : 외측열전달율 $[kcal/m^2h\,°C]$
λ : 열전도율 $[kcal/mh\,°C]$
$d(l)$: 전열벽두께 $[m]$
α_2 : 내측열전달율 $[kcal/m^2h\,°C]$

<열통과율>

$$K = \frac{1}{R} = \frac{1}{\frac{1}{\alpha_1}+\frac{l}{\lambda}+\frac{1}{\alpha_2}}\,[kcal/m^2h\,°C]$$

② 열저항, 전열저항계수 $[R]$

$$R = \frac{1}{\alpha_1}+\frac{l}{\lambda}+\frac{1}{\alpha_2}\,[m^2h\,°C/kcal]$$

③ 열관류열량(= 전열량)

$$Q = KA(t_1 - t_2)[kcal/h]$$

4) 복사

난로에서 열이 직접 전달되어 따뜻함을 느끼는 것과 같이 열이 중간에 다른 물질을 통하지 않고 직접 이동하는 현상. 즉, 열선에 의해 열이 이동하는 현상이다.

※ 스테판-볼츠만의 법칙

완전흑체 표면에서의 복사열 전달열은 절대온도의 4제곱에 비례한다.

$$E_b = C_b \times (\frac{T}{100})^4\,[kcal/m^2h]\,,(C_b = 4.88 \times 10^{-8}[kcal/m^2hK^4])$$

8. 열역학의 정의와 목적

열역학은 열과 일의 관계 및 열과 일에 관계를 갖는 물질의 성질을 다루는 과학이라 정의 할 수 있다. 열에너지를 효율적인 방법으로 기계적 에너지로 변환하는 방법을 연구하는 학문으로써 열이 일로 변환되는 과정 및 이 과정이 반복되는 주기 즉, 사이클을 통해 열에너지를 효율적으로 이용할 수 있다. 열역학의 공부하는 궁극적인 목표는 열에너지를 기계적 에너지로 변화하는데 보다 효율적이고 경제적으로 변환하기 위함이다.

1) 열역학의 접근 방법

열역학은 다루는 방법에 있어 크게 두 가지 관점으로 나눌 수 있다. 미시적 관점에서는 해석하는 통계열역학과 거시적 관점에서 해석하는 고전열역학 또는 공업열역학이 그것이다. 미시적 방법에서는 분자 하나하나의 운동을 통계적인 방법으로 집합적으로 분석한다. 거시적 방법에서는 개별적인 분자들의 상호 작용보다는 전체에 걸쳐서 일어나는 평균 효과에 대해서만 관심을 가지고 해석한다. 우리들이 살아가는 데서 흔히 사용하는 기준 척도도 거시적인 방법을 택하고 있다. 즉, 길이는 미터로 측정하고 시간은 초를 기준으로 한다. 이러한 측정치는 분자들의 거동에 대해 비교하여 보면 매우 큰 간격이다. 따라서 거시적이란 용어가 성립하며 우리가 어렸을 적부터 친숙히 사용해 온 이런 방법을 사용하여 열역학을 다루는 것이 편리하다. 온도에 대한 척도도 거시적인 효과의 하나이다. 그러나 어떤 현상을 설명하는 데에는 거시적 방법으로는 불충분한 경우도 있으므로 이럴 때에는 반드시 미시적 방법으로 해결하여야 한다는 것도 아울러 알아두어야 한다. 본 교재에서는 거시적 방법에 대해서만 다루기로 한다.

2) 열과 에너지

19C 초까지만 해도 사람들은 열이란 열소(熱素)라고 하는 작은 알갱이에 의하여 전달되는 것으로 생각하였다. 그래서 열소를 질량이 없는 유체로 생각하여 열의 이동이나 열의 혼합에 대한 설명으로 사용했다. 그러나 마찰로 인한 열의 발생은 설명할 수 없었다. 그러다가 주울(James Prescott Joule : 1818~1889)이 비로써 열도 기계적인 일과 마찬가지로 일종의 에너지임을 밝혀냈다. 주울은 열과 일을 본질적으로 같은 에너지로 규정짓고 일과 열의 단위를 동등하게 변환시키는 발상의 대전환을 이루게 하였다.

9. 열역학의 용어

1) 동작물질

동작물질(working substance)이란 작업유체라고도 하며 에너지를 저장하거나 운반하는 물질이다. 예를 들면 자동차 엔진에서는 연료와 공기의 혼합기, 증기 터빈에서는 증기, 냉동 사이클에서는 냉매가 곧 동작물질이다.

2) 계, 주위, 경계

동작물질은 절대로 혼자서 존재할 수 없다. 반드시 그 제한이 되는 구역이 있어야만 한다. 이것은 곧 계(system)의 개념을 낳게 한다. 열역학에서 계란 어떤 물질의 모임 또는 공간적으로 한정된 구획으로 정의된다. 계가 아닌 모든 것을 주위(surroundings)라 하며 계와 주위를 구분 짓는 한계를 경계(boundary)라 한다.

계에는 다음과 같이 밀폐계, 개방계, 고립계가 있다.

① 밀폐계(closed system)
  계 내의 동작물질이 계의 경계를 통하여 주위로 이동할 수는 없으나 열이나 일 등 에너지의 이동은 존재하는 계로서 비유동계(nonflow system)라고도 한다. 피스톤 - 실린더 내의 공간은 밀폐계의 예이다.

② 개방계(open system)
  동작물질이 계의 경계를 통하여 주위로 이동하고 열이나 일 등 에너지의 이동이 있는 계이다. 유동계(flow system)라고도 한다.- 펌프, 터빈

③ 고립계(isolated system)
  계의 경계를 통해서 물질이나 에너지의 이동이 전혀 없는 계이다. 주위와 아무런 상호작용을 하지 않으며 절연계라고도 한다.

3) 평형상태

평형상태(equilibrium state)란 계의 상태가 시간적으로 불변이고 어떠한 유동상태도 일어나지 않을 때의 상태를 의미한다. 보통 밀폐계에서 평형상태가 되기 위하여서는 계와 주위의 강도성 상태량의 차이가 없어야 한다. 즉, 계와 주위의 온도가 같을 때에는 열평형(thermal equilibrium)이 되었다고 하고, 힘 또는 압력이 같을 때에는 역학적 평형(mechanical equilibrium)이 되었다고 한다. 또 화학적 조성이 같을 때에는 화학적 평형(chemical equilibrium)이 되었다고 한다. 이 세 가지가 모두 만족되었을 때 우리는 열역학적 평형상태(thermodynamic equilibrium)라고 한다.

4) 과정과 사이클

과정(process)이란 계의 상태가 변하는 것을 나타내는 말이다. 과정은 단지 계의 상태가 변화되었음을 말하는 것으로서 초기상태인 1에서 나중상태인 2로 변화되었음을 나타낸다. 그러나 경로(path)는 상태 1에서 상태 2로 진행하는 어느 특정한 과정을 의미한다. 따라서 한 상태에서 다른 상태로 가는 과정은 수많은 경로를 설정할 수 있다.

제1장. 기초열역학

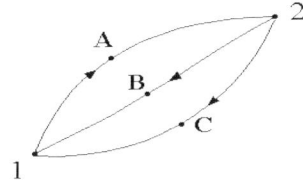

열역학에서 사이클(cycle)이라 함은 계가 어느 과정을 겪은 다음 다시 최초의 상태로 되돌아가기까지의 과정을 말한다. 사이클을 이루는 과정이 어느 경로를 택하느냐에 따라 사이클은 달라지게 된다. 그림에서 보는 바와 같이 1-A-2-B-1과 1-A-2-C-1은 다른 사이클임을 알 수 있다.

5) 단위

구분	단위	길이	질량	시간	힘	일	동력	비고
절대 단위	M.K.S	m	kg	sec	1N=1kgm/s^2	1J=1N·m	W=1J/sec	1KW=102kg$_f$m/s
	C.G.S	cm	g	sec	dyne	erg	W,KW	
공학 단위	중력 단위	m cm	kgs^2/m	sec	kg$_f$	kg$_f$m	Hps	1ps=75kg$_f$m/s

6) 비체적, 밀도, 비중량

① 비체적(v)

비체적(specific volume)은 비상태량으로서 체적(V)을 질량(m)으로 나눈 값이다. 즉, 단위질량당 그 물질이 차지하는 체적을 말한다.

$$v = \frac{V}{m} \ [m^3/kg]$$

② 밀도(ρ)

밀도(density)는 질량을 체적으로 나눈 값으로 비체적의 역수이다.

$$\rho = \frac{m}{V} = \frac{1}{v} \ [kg/m^3]$$

③ 비중량(γ)

비중량(specific weight)은 중량(W)을 체적으로 나눈 값이다. 즉, 단위체적당 중량이다.

$$\gamma = \frac{W}{V} = \rho g \ [N/m^3, \ kg_f/m^3]$$

7) 압력

① 압력: 단위면적당 작용하는 힘 $P = \dfrac{F}{A}$

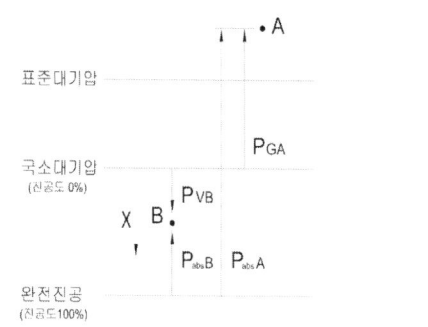

표준대기압 1atm = 760mmHg
= 1.0332Kg/cm²
= 10.332mAg
= 1.0135bar
= 101325Pa

국소대기압=게이지압 Zero=진공도 Zero

절대압 시작=완전진공상태=진공도100%

여기서,
P_G : 게이지 압 = 정압, P_V : 진공압 = 부압
P_{abs} : 절대압, P_O : 국소대기압
x : 진공도

※ 압력의 관계

$P_{abs} = P_O + P_G = P_O - P_V = P_O + xP_O = P_O(1-x)$

---

② 공학기압(ata)

압력의 단위로서 사용하는 $1 kg_f/cm^2$ 을 1공학기압이라 하며 1ata 또는 1ata로 표시한다. 공학기압은 기술현장에서 많이 사용한다.

1ata = 1at = $1 kg_f/cm^2$

8) 열역학 제0법칙

열역학 제0법칙(zeroth law of thermodynamics)은 다음과 같이 표현된다. 즉, 두 물체가 제3의 물체와 더불어 열평형 상태에 놓여 있다면 두 물체는 서로 열평형이 되며, 따라서 같은 온도를 갖는다. 그림은 제0법칙을 예시하는 것이다. 이 경우 제3의 물체는 온도계이다. 열역학 제0법칙의 결과로부터 온도계는 두 물체를 직접 접촉시키지 않고도 이들의 온도를 측정하는데 이용될 수 있는 것이다. 열평형 상태에 있는 두 물체의 온도는 서로 같다고 하는 열역학 제0법칙은 열역학 제1법칙보다 늦게 확인되었으나 가장 기본적인 원리이므로 제0법칙이라 명명하게 되었다.

9) 에너지(열과 일)

　에너지란 물리학적으로 표현하여 일로 환산되어질 수 있는 모든 량의 총칭이다. 따라서 일은 물론이고 열이나 빛 또는 전자기적 작용에 관계되는 물리량도 포함된다. 열역학에서 특히 중요하게 다루는 에너지로는 기계적 에너지와 화학적 에너지가 있다. 기계적 에너지로는 운동에너지와 위치에너지 그리고 탄성에너지를 들 수 있고 화학에너지로는 열에너지와 그 밖의 위치에너지를 들 수 있다. 이 중 본 교재에서는 운동에너지와 위치에너지 그리고 열에너지에 대해서만 고찰하기로 한다.

　열역학적 에너지 보존의 법칙인 제1법칙은 제2장에서 다루기로 하고 이 장에서는 열과 일의 간단한 수식적 사항인 에너지의 표현방법에 대해서만 알아보기로 한다.

10) 열량

　고온의 물체와 저온의 물체가 서로 접촉되면 두 물체의 온도차는 적어지고 끝내는 같은 온도 즉, 열평형에 도달한다. 이때 고온물체는 열을 잃고 저온물체는 열을 얻게 된다. 이처럼 열은 양 물체 사이를 이동하는 에너지의 한 형태로서 반드시 온도차에 의하여 이동하는 것이 그 특징이다. 따라서 열이란 명칭은 이동 과정 중인 에너지에 대해서만 쓰여진다. 물체가 보유하는 에너지를 관용적으로 열량(quantity of heat)이라 한다. 크기와 재질이 같은 물체에서 온도가 높은 것이 분명 열량이 많다.

① 1kcal란 표준대기압 하에서 순수한 물 1 l (1kg)를 1℃만큼 높이는데 필요한 열량
② 1Btu(British thermal unit)란 물 1파운드(lb)를 1℉ 높이는데 필요한 열량
③ 1Chu(Centigrade heat unit)는 물 1파운드(lb)를 1℃ 높이는데 필요한 열량
④ 1kcal=3.968btu=4.18673KJ=427kg$_f$ m

11) 비열

　질량 mkg인 물체에 $\delta Q\, kcal$ 의 열이 이동하여 그 물체의 온도가 dT℃만큼 변화되었다면 다음과 같은 관계식을 얻을 수 있다.

$$\delta Q = m C d T$$

$$\delta q = \frac{\delta Q}{m} = C\, dT$$

　여기서 비례상수 C는 물질에 따라 정해지는 값으로 이것을 그 물질의 비열(specific heat)이라 한다. 즉, 비열이란 단위 질량의 물체의 온도를 단위 온도차만큼 변화시키는데 필요한 열량으로 정의된다.

$$C = \frac{\delta Q}{m \triangle T} = \frac{\delta q}{\triangle T}\ [\ kcal/kg\ C\ ,\ kJ/kg\ C\ ]$$

※ 평균비열 C_m

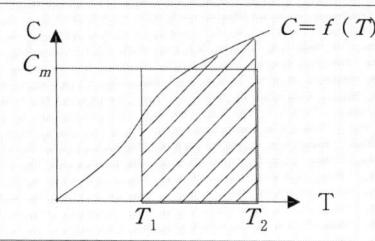

비열은 온도의 함수이다 즉 비열은 온도에 따라 변한다.

$$C_m \times (T_2 - T_1) = \int_1^2 C dT$$

(평균비열) $C_m = \dfrac{1}{T_2 - T_1} \int_1^2 C dT$

12) 일과 열의 관계

일이란 에너지의 표현 중 대표적인 것이다. 일은 물리적으로 스칼라량이며 보통 W로 표기한다. 어떤 물체가 힘 F로 변위 r만큼 이동하였다면 이때 이 물체는 일을 한 것이 되며 그 크기는

W = F·r = 힘 × 변위 , 1J = 1N·m ,　　$1 kg_f m$ = 9.8N·m = 9.8J

일은 열과 마찬가지로 에너지이며 열역학적인 상태량이 아니고 과정에 의존하는 도정함수(path function)이다. 열역학 제1법칙은 열과 일이 본질적으로 같은 에너지라는 점을 나타내는 에너지 보존의 법칙을 말한다.

1kcal = 4.18673 KJ = 427 $kg_f m$

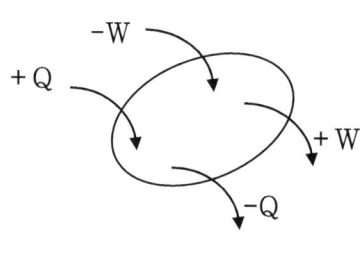

열역학에서는 열과 일의 부호를 다음과 같이 규약한다. 즉, 계가 주위로부터 받은 열량은 정(+)의 값으로, 계가 주위로 방출한 열량은 부(-)의 값으로 정한다. 또한 계가 주위로 행한 일량은 정(+), 계가 주위로부터 받는 일량은 부(-)로 정한다. 열량과 일량의 부호규약은 계와 주위의 상관관계에 따라 서로 반대부호가 됨을 주의하여야 한다.

※ 평균온도 T_m

질량이 m_1, m_2 인 두 물질의 비열(평균비열)이 C_1, C_2 라하고 온도가 T_1, T_2 $(T_1 > T_2)$ 일 경우 이 두 물질을 혼합하여 열평형에 달하였을 때의 온도 T_m 은 물질 1이 잃은 열량과 물질 2가 얻은 열량이 크기가 같으므로

$$m_1 C_1 (T_1 - T_m) = m_2 C_2 (T_m - T_2)$$

$$\therefore (평균온도) T_m = \frac{m_1 C_1 T_1 + m_2 C_2 T_2}{m_1 C_1 + m_2 C_2}$$

이 된다. 일반적으로 n종류의 물질을 서로 섞었을 때도 그 열평형온도 T_m을 구하는 식은 위의 경우와 마찬가지의 방법으로 정리하면 다음과 같은 식을 얻을 수 있다.

$$T_m = \frac{m_1 C_1 T_1 + m_2 C_2 T_2 + \cdots + m_n C_n T_n}{m_1 C_1 + m_2 C_2 + \cdots + m_n C_n} = \frac{\sum M_i C_i T_i}{\sum m_i C_i}$$

기체 상태에 있는 물질은 그 상태의 조건에 따라 비열이 달라지게 되는데 체적이 일정하게 유지되며 열 이동이 이루어질 때의 비열인 정적비열 C_v와 압력이 일정하게 유지되며 열 이동이 이루어질 때의 비열인 정압비열 C_p로 구분하여 살펴야 한다.

13) 동력

동력은 공률이라고도 하며 단위 시간당의 일량으로 정의한다. 일이 스칼라량이므로 동력 또한 스칼라량이다. 동력을 HP라 할 때,

HP = T·ω = F·v

여기서 T는 토오크(torque), ω는 각속도, F는 힘, v는 속도이다.

동력의 단위는 SI단위로 와트(w), 킬로와트(kW)이며 관용단위로 마력(PS)이 있다.

1W = 1 J/s

1kW = 1000 w = 1 kJ/s

1kW = 102 $kg_f m/s$

1PS = 75 $kg_f m/s$

1HP = 76 $kg_f m/s$

동력×시간은 분명 에너지가 된다. 따라서

1kwh = 860 kcal

1PSh = 632.2 kcal

1PHh = 641 kcal

14) 효율

어떤 연료를 태워 얻은 열량으로 다른 기계적 에너지로 변환시킬 때 그 공급된 에너지와 얻을 수 있는 에너지와의 차가 존재하게 된다. 즉, 공급되는 연소열량(input) = 얻는 정미일량(output)이 되며 보통 input > output이다.

이러한 비를 효율이라 할 때,

$$효율(\eta) = \frac{output}{\in pu} = \frac{단위시간당\ 얻어진\ 정미일량}{단위시간당\ 공급된\ 연소열량}$$
$$= \frac{동력}{연료의\ 저위발열량 \times 연료소비율} = \frac{H}{Q_L \times f} \ (\times 100\%)$$

효율은 무차원량이므로 단위가 없으며 그 값은 항상 1보다 작다.

$q = \triangle u + w$ 를 미분값으로 취하면
$\delta q = du + \delta w$ 이 되고 계의 전 에너지 변화는
$\delta Q = dU + \delta W$ 이다.

식을 밀폐계에서의 열역학 제1법칙이라 한다.

제2장 냉동기초

1. 냉동의 개요

1) 냉동의 정의
인위적인 조작으로 주위보다 온도를 낮게 하여 그 온도를 유지하는 행위나 조작

2) 냉동의 방법

① 자연적 냉동법
  ㉠ 고체(얼음)의 융해잠열
  ㉡ 액체(물)의 증발잠열
  ㉢ 고체(드라이아이스)의 승화잠열
  ㉣ 기한제(얼음 + 식염) 이용

② 기계적 냉동법
  ㉠ 증기압축식 냉동법
  - 냉매가스를 압축하여 배관내를 강제순환 시키면서 냉매의 증발잠열을 이용하는 방법
  - 증기압축식 냉동기의 4대 사이클
        압축기 → 응축기 → 팽창밸브 → 증발기

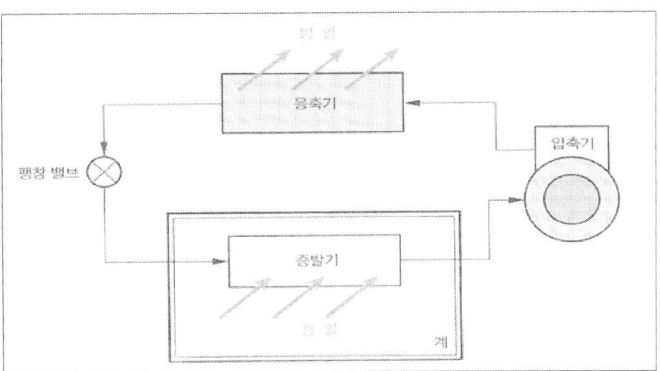

  ㉡ 흡수식냉동법
  - 온수나 증기 등의 열원을 이용하여 냉동을 하는 방법
  - 흡수식 냉동기의 5대 사이클
        흡수기(냉각수) → 열교환기 → 발생기(가열) → 응축기(냉각수) → 증발기(냉수)

ⓒ 전자냉동법
- 열전 반도체를 이용한 냉동기
- 펠티어효과 응용(두 금속에 전류가 흐르면 온도차가 발생)

※ 열전대 온도계
- 제백효과 응용(2종류의 금속에 온도차가 발생하여 흐르면 기전력이 발생)

3) 몰리엘 선도 및 계산

① 몰리엘 선도($P-i$)의 구성

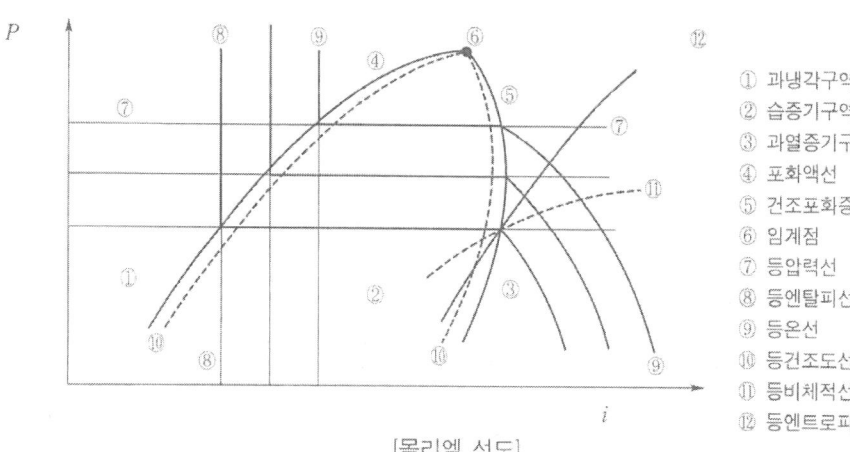

① 과냉각구역
② 습증기구역
③ 과열증기구역
④ 포화액선
⑤ 건조포화증기선
⑥ 임계점
⑦ 등압력선
⑧ 등엔탈피선
⑨ 등온선
⑩ 등건조도선
⑪ 등비체적선
⑫ 등엔트로피선

[몰리엘 선도]

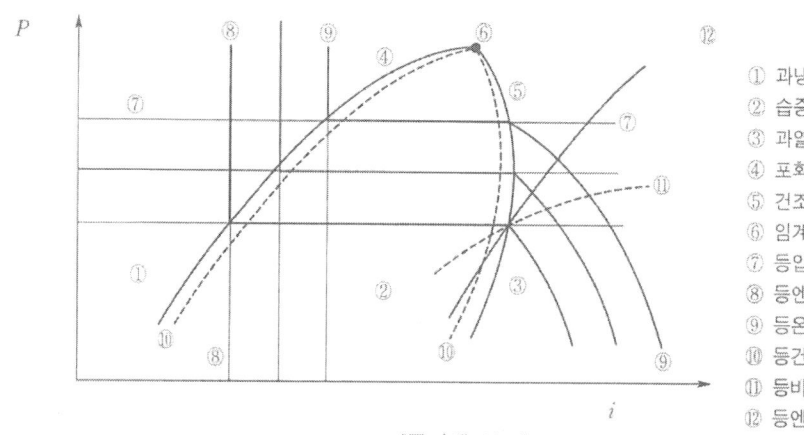

① 과냉각구역
② 습증기구역
③ 과열증기구역
④ 포화액선
⑤ 건조포화증기선
⑥ 임계점
⑦ 등압력선
⑧ 등엔탈피선
⑨ 등온선
⑩ 등건조도선
⑪ 등비체적선
⑫ 등엔트로피선

[몰리엘 선도]

② $P-i$ 선도에서의 계산

　㉠ 압축비 $(Pr) = \dfrac{\text{고압측절대압력(응축절대압력},P_1)}{\text{저압측절대압력(증발절대압력},P_2)}$

　㉡ 냉동효과, 냉동력, 냉동량($q_2 : kcal/kg$)

　냉매 $1kg$이 증발기에서 피냉각 물체로부터 흡수하는 열량($kcal/kg$)

　$q_2 = i_a - i_f(i_e)$

　㉢ 압축열량($Aw : kcal/kg$)

　압축기에서 냉매가스 $1kg$을 압축하는 압축일량을 열량으로 환산($kcal/kg$)

　$Aw = i_b - i_a$

　㉣ 응축열량(q_1)

　응축기를 통과하는 동안 냉매 1kg이 냉각수에 방출하는 열량($kcal/kg$)

　$q_1 = q_2 + Aw = i_b - i_a$

　㉤ 성적계수(COP_R, ε)

　$COP_R = \dfrac{q_2}{AW} = \dfrac{i_a - i_c}{i_b - i_a}$

※ 냉동기 및 히트펌프의 성적계수

$COP_R = \dfrac{Q_2}{AW} = \dfrac{Q_2}{Q_1 - Q_2} = \dfrac{T_2}{T_1 - T_2}$, $COP_H = \dfrac{Q_1}{AW} = \dfrac{Q_1}{Q_1 - Q_2} = \dfrac{T_1}{T_1 - T_2}$

　단, T_1 : 고온(응축)절대온도, T_2 : 저온(증발)절대온도

　㉥ 냉매 순환량(G) : 단위 시간에 증발기에서 증발하는 냉매량(kg/h)

　$G = \dfrac{Q_2}{q_2} = \dfrac{V_a \times \eta_v}{v}$

　　단, Q_2 : 냉동능력($kcal/h$)
　　　　q_2 : 냉동효과($kcal/kg$)
　　　　V_a : 이론적 피스톤 압출량(m^3/h)
　　　　η_v : 체적효율
　　　　v : 흡입가스의 비체적(m^3/kg)

　㉦ 냉동능력 (Q_2)

　$Q_2 = G \times q_2$

　$RT = \dfrac{V_a \cdot q_2 \cdot \eta_v}{3,320 \cdot v}$

4) 냉동톤 및 제빙톤

① 1냉동톤(1[RT]) : 0[℃]의 물 1[ton]을 24시간 동안에 0[℃]의 얼음으로 만드는데 제거해야 할 열량

　㉠ 1한국냉동톤 1[RT] = 3,320[$kcal/h$] = 3.86 kW

　㉡ 1미국냉동톤 1[$USRT$] = 3,024[$kcal/h$]

　㉢ 흡수식 냉동기에서 1냉동톤 : 발생기로 공급하는 입열량 6,640[$kcal/h$]

② 1제빙톤 = $1.65[RT]$

※ 결빙시간 $(H) = \dfrac{0.56 t^2}{-t_b}$ (단, t : 얼음의 두께 $[cm]$, t_b : 브라인의 온도 $[°C]$)

2. 냉매

1) 1차냉매(직접냉매)
냉동장치 내를 순환하면서 잠열상태로 열을 운반

① 냉매의 구비조건
  ㉠ 대기압 이상의 압력에서 쉽게 증발할 것
  ㉡ 임계온도가 높아 상온에서 쉽게 액화할 것
  ㉢ 응고점은 낮고 증발잠열은 클 것
  ㉣ 액 비열과 증기의 비열비가 작을 것
  ㉤ 점도와 표면장력이 적고 전열이 우수할 것
  ㉥ 절연내력이 크고 윤활유 작용하지 않을 것
  ㉦ 인화성, 악취, 독성이 없고 누설 발견이 용이할 것
  ㉧ 윤활유와 작용하지 않을 것

② 대기압 하에서 냉매의 비등점이 낮은 순서
  ㉠ CO_2 : $-78.5[°C]$
  ㉡ $R-502$: $-45.6[°C]$
  ㉢ $R-22$: $-40.8[°C]$
  ㉣ NH_3 : $-33.3[°C]$
  ㉤ $R-12$: $-29.8[°C]$
  ㉥ SO_2 : $-10[°C]$
  ㉦ $R-11$: $23.8[°C]$
  ㉧ $R-113$: $47.57[°C]$

③ 각 냉매 $-15[°C]$에서의 증발잠열이 큰 순서
  ㉠ NH_3 : $313.5[kcal/kg]$
  ㉡ $R-22$: $52[kcal/kg]$
  ㉢ $R-11$: $45.8[kcal/kg]$
  ㉣ $R-12$: $38.57[kcal/kg]$
  ㉤ $R-13$: $25.31[kcal/kg]$

제2장. 냉동기초

> ※ 증발잠열이 적을수록 1RT당 냉매순환량은 증가한다.

④ 각 냉매에 따른 비열비 및 토출가스 온도가 높은 순서
  ㉠ NH_3 : 1.313 [98°C]
  ㉡ $R-22$: 1.84 [55°C]
  ㉢ $R-12$: 1.136 [37.8°C]

> ※ 비열비가 큰 냉매는 압축기 토출가스 온도가 높아 압축기 과열의 원인이 되므로, 워터자켓을 설치하여 냉각수를 순환시키게 하여 압축기가 과열되는 것을 방지하여야 한다.

⑤ 프레온 냉매의 오일과 용해도가 큰 순서
  ㉠ 용해도가 큰 냉매 : $R-11, R-12, R-21, R-113$
  ㉡ 용해도가 적고 저온에서 분리되는 냉매 : $R-13, R-14, R-502, R-717$

⑥ 전열이 양호한 순서
  $NH_3 > H_2O > Freon > Air$

> ※ 핀 튜브 : 전열이 불량한 유체측에 설치하여 유효 전열면적을 증대시킨다.

⑦ 기타
  ㉠ 원심냉동기에 사용하는 냉매 : 가스비중이 큰 $R-11, R-113, R-123$ 사용
  ㉡ 냉매의 독성순위 : $SO_2 > NH_3 > CH_3Cl > CO_2 > CCl_2F_2$
  ㉢ 냉매의 액비중의 크기 : $Freon > H_2O > Oil > NH_3$

> ※ 프레온냉매는 800[°C]정도의 불꽃에 접촉하면 맹독성 가스인 포스켄($COCl_2$)가스가 발생하므로 특별히 주의해야 한다.

2) 2차냉매(간접냉매)

브라인이라 하며 냉동장치 밖을 순환하면서 현열상태로 열을 운반

① 브라인의 구비 조건
  ㉠ 열용량이 크고 전열이 양호할 것
  ㉡ 공정점과 점도가 낮을 것
  ㉢ 부식성이 없을 것
  ㉣ 응고점이 낮을 것
  ㉤ 냉장물품에 누설시 손상이 없을 것

ⓑ 가격이 싸고 구입이 용이할 것

ⓢ 적당한 pH를 가질 것(7.5~8.2)

② 무기질 브라인의 공정점 및 부식성의 크기

$NaCl$(염화나트륨) > $MgCl_2$(염화마그네슘) > $CaCl_2$(염화칼슘)
　$-21.2[°C]$　　　　　$-33.6[°C]$　　　　　$-55[°C]$

※ 금속의 부식방지법
　① 브라인은 공기와 접촉을 피한다.
　② 브라인의 pH는 약알칼리성(pH7.5~8.2)이 좋다.

2) 프레온 냉매의 명명법

① 메탄계 냉매

십단위 냉매는 CH_4(메탄)계 냉매로서 H_4대신 Cl, F등으로 치환된다.

　㉠ 구성 : C의 수는 항상 1개, 나머지(H, Cl, F)는 항상 4개이어야 함.
　㉡ 읽는 법 : -십의 자리 : H수에 + 1(예 : H_0+1 = 일십, H_1+1 = 이십)
　　　　　　　-일의 자리 : F의 수(예 : $F_2=2, F_3=3$)

[예] $R-11 : CCl_3F, R-12 : CCl_2F_2, R-13 : CClF_3$
　　　$R-22 : CHClF_2, R-40 : CH_3Cl$

② 에탄계 냉매

백의 단위 냉매는 C_2H_6(에탄)계 냉매로서 H_6대신 Cl, F 등으로 치환된다.

　㉠ 구성 : C의 수는 항상 2개, 나머지(H, Cl, F)는 항상 6개이어야 함.
　㉡ 읽는 법 : - 십의 자리 : H수에 +1(예 : H_0+1 = 일십, H_1+1 = 이십)
　　　　　　　- 일의 자리 : F의 수(예 : $F_2=2, F_3=3$)

[예] $R-113 : C_2Cl_3F_3, R-114 : C_2Cl_2F_4, R-123 : C_2HCl_2F_3, R-134 : C_2H_2F_4$

③ 공비혼합냉매

　㉠ $R-500 : R-22 + R-152$
　㉡ $R-501 : R-12 + R-22$
　㉢ $R-502 : R-22 + R-115$
　㉣ $R-503 : R-13 + R-23$

3) 냉매의 누설검사법

① 암모니아 누설검사법
　㉠ 불쾌한 냄새로 발견(악취)

ⓒ 적색 리트머스 시험지 접촉시 청색으로 변색
　　ⓓ 페놀프탈레인 시험지 접촉시 적색(홍색)으로 변색
　　ⓔ 유황초(황산, 염산)를 태워 누설개소에 접촉시 백색연기 발생
　　ⓜ 물이나 브라인에 용해되었을 경우에는 네슬러시약을 적하하면 변색
　　　 (소량누설 : 황색, 다량누설 : 자색)
② 프레온
　　㉠ 비눗물 검사 : 누설개소에서 기포발생
　　㉡ 헬라이드 토치사용의 불꽃 변색
　　　　- 누설에 따른 변색 : 청색 → 녹색 → 자주색 → 불 꺼짐
　　　　- 사용연료 : 아세틸렌, 알콜, 부탄, 프로판 등
　　㉢ 할로겐 전자누설검지기 사용(누설시 경보가 울림)

4) 냉매에 접촉시 구급법

① 암모니아
　㉠ 피부에 묻었을 경우 물로 깨끗이 씻고 피크린산 용액을 바른다.
　㉡ 눈에 들어간 경우 비비거나 자극을 주지 않도록 하여 깨끗한 물로 씻거나, 2[%] 붕산액을 눈을 완전히 씻어낸 다음 유동파라핀을 두 방울 정도 눈에 떨어뜨린다.
　㉢ 목이나 코에 자극된 경우 붕산액을 코로부터 빨아드려 입으로 내서 양치질을 완전하게 하고, 원기회복시키기 위하여 물을 마시게 한다.

② 프레온
　㉠ 피부에 묻을 경우 암모니아와 같은 방법
　㉡ 눈에 들어간 경우 살균된 광물유로 세안하고, 자극이 계속되면 희붕산 용액이나 2[%] 이하의 살균식염수로 세안한다.

3. 압축기

1) 압축기의 분류
① 체적(용적)식 압축기 : 왕복동식, 회전식, 스크류식 등
② 원심식(터보식) 압축기
③ 흡수식 냉동기 : 압축기를 사용하지 않고 수증기나 온수 등의 열원을 이용하여 냉동이나 냉방을 함.

2) 압축기의 특징

① 왕복동식 압축기
실린더 내에 있는 피스톤의 왕복운동에 의해 냉매가스를 압축하는 형식

㉠ 왕복동 압축기의 크랭크케이스(내부) 압력 : 저압
㉡ 고속다기통 압축기의 특징 : 체적효율이 낮음
㉢ 압축기 분해시 가장 나중 분해되는 것은 피스톤
㉣ 왕복동식 압축기 피스톤 압출량 $[m^3/h]$

$$V_a = \frac{\pi}{4}D^2 \cdot l \cdot N \cdot R \cdot 60$$
$$= 15\pi D^2 \cdot l \cdot N \cdot R$$

D : 실린더 지름 $[m]$
l : 행정길이 $[m]$
N : 기통수(실린더수)
R : 분당회전수 $[rpm]$

㉤ 압축기 흡입 및 토출밸브의 구비조건
- 밸브의 작동이 경쾌하고 동작이 확실할 것.
- 냉매가스 통과시 마찰저항이 적을 것.
- 밸브가 닫혔을 때 누설이 없을 것
- 내구성이 크고 변형이 적을 것

※ 압축기에 사용하는 밸브
① 포펫밸브 : NH_3 입형저속에 사용
② 링플레이트 밸브 : 고속다기통 압축기에 사용

② 회전식(로터리)압축기
로우터가 실린더 내를 회전하면서 냉매가스를 압축하는 형식

㉠ 회전식 압축기의 구분
- 고정베인형(고정날개형) : 스프링의 힘에 의해 실린더에 부착
- 회전베인형(회전날개형) : 원심력에 의해 실린더에 부착

㉡ 회전식 압축기의 내부압력 : 고압
㉢ 부품수가 적어 구조가 간단하여 소형, 경량화가 가능하다.
㉣ 마찰부가 적어 소음이 적고 흡입밸브가 없고 토출관에는 체크밸브 설치
㉤ 압축이 연속적이므로 고진공을 얻을 수 있어 진공펌프로 많이 사용한다.
㉥ 회전식 압축기 피스톤 압출량 $[m^3/h]$

$$V_a = \frac{\pi}{4}(D^2 - d^2) \cdot t \cdot R \cdot 60$$

D : 실린더 지름 $[m]$
d : 로우터의 지름 $[m]$
t : 로우터의 두께 $[m]$
R : 분당회전수 $[rpm]$

③ 나사식(스크류)압축기
2개의 압수 로우터의 맞물림에 의해 냉매가스를 압축하는 형식

제2장. 냉동기초

　㉠ 로우터(스크류)의 맞물림으로 소음이 크다.
　㉡ 흡입측과 토출측에 역지밸브를 설치하여 역류를 방지한다.

④ 원심식(터보) 압축기
케이싱 내에 고속회전하는 임펠러에 의한 원심력을 이용하여 냉매가스를 압축하는 형식
　㉠ 서징(맥동)현상이 일어날 수 있는 압축기
　㉡ 저압냉매를 사용하며 대용량에 적합하다.
　㉢ 사용냉매 : R-11, R-113, R-123 등으로 가스의 비중이 큰 냉매

> ※ 터보냉동기의 추기회수장치의 기능
> 　㉠ 불응축 가스퍼지　　㉡ 진공작업
> 　㉢ 냉매충전　　　　　㉣ 불응축가스 중 냉매재생

⑤ 흡수식 냉동기
압축기를 이용하지 않고 열원을 이용하여 냉동을 행하는 방식
※ 흡수식 냉동기의 냉매에 따른 흡수제

냉 매	흡 수 제
암모니아	물
물	리튬브로마이드(취화리튬)

3) 용량제어의 목적

부하변동에 따른 용량제어로 경제적인 운전을 도모한다.
무부하 및 경부하 기동으로 기동시 소비전력이 적고 기동이 쉽다.
압축기를 보호하여 기계의 수명을 연장시킬 수 있다.
일정한 고내온도(증발온도)를 유지할 수 있다.

① 왕복동식 냉동기의 용량제어법
　㉠ 회전수 조절법　　㉡ 흡입밸브 조절법
　㉢ 바이패스 법　　　㉣ 무부하(언로더)장치에 의한 방법
　㉤ 클리어런스 증대법　㉥ 타임드 밸브에 의한 방법

② 원심식 냉동기 용량제어법
　㉠ 회전수 조절법　　㉡ 흡입 및 토출댐퍼 조절법
　㉢ 흡입베인 조절법　㉣ 응축기 냉각수량 조절법

4) 압축기에서의 윤활유(냉동기유)
   ㉠ 응고점 및 유동점이 낮을 것
   ㉡ 인화점이 높고 점도가 적당할 것
   ㉢ 항 유화성이 있을 것
   ㉣ 불순물이 적고 절연내력이 클 것
   ㉤ 방청능력 및 냉매와의 용해성이 적을 것
   ㉥ 왁스성분이 적고 저온에서 왁스성분이 분리되지 않을 것
   ㉦ 금속이나 패킹류를 부식시키지 않을 것

   ※ 유동점 : 윤활유의 유동이 가능한 최저의 온도로서 응고점 +2.5[℃] 정도임

② 냉동기유의 사용
   ㉠ 입형 저속압축기 : 300번
   ㉡ 고속 다기통 압축기 : 150번
   ㉢ 초저온 냉동기 : 90번

③ 압축기에서의 적정유압
   ㉠ 소형 = 정상저압 + 0.5[kg/cm^2]
   ㉡ 입형저속 = 정상저압 + 0.5~1.5[kg/cm^2]
   ㉢ 고속다기통 = 정상저압 + 1.5~3[kg/cm^2]
   ㉣ 터보 = 정상저압 + 6[kg/cm^2]
   ㉤ 스크류 = 토출압력(고압) + 2~3[kg/cm^2]

   ※ 큐노필터 : 오일펌프 출구에 설치하는 제일 고운 여과망

5) 압축기 소요동력의 계산
   ① 이론 소요동력
   $$kW = \frac{G \cdot Aw}{860} = \frac{Q_2 \cdot Aw}{q_2 \cdot 860} = \frac{V_a \cdot Aw}{v \cdot 860} \cdot \eta^v$$

   ② 실제 소요동력
   $$kW = \frac{G \cdot Aw}{860 \cdot \eta^c \cdot \eta^m} = \frac{Q_2 \cdot Aw}{q_2 \cdot 860 \cdot \eta^c \cdot \eta^m} = \frac{V_a \cdot Aw}{v \cdot 860 \cdot \eta^c \cdot \eta^m} \cdot \eta^v$$

6) 압축기에서의 안전관리

① 압축기 틈새(클리어런스)가 크게 되면,
  ㉠ 압축기 소요동력 증대
  ㉡ 실린더 과열 및 마모
  ㉢ 토출가스 온도상승
  ㉣ 윤활유 열화 및 탄화
  ㉤ 체적효율 감소
  ㉥ 냉매 순환량 감소
  ㉦ 냉동능력 감소
  ㉧ 압축기 소요동력 증대

② 피스톤링 마모시 장치에 미치는 영향
  ㉠ 크랭크 케이스 내 압력상승(저압상승)
  ㉡ 실린더 내 윤활유가 쳐 올려져 압축기에서 오일부족
  ㉢ 유막형성에 따른 응축기 및 증발기에서 전열불량
  ㉣ 체적효율 및 냉동능력이 감소
  ㉤ 냉동능력당 압축기 소비동력 증가
  ㉥ 압축기가 과열운전된다.

③ 체적효율이 감소하는 원인
  ㉠ 클리어런스가 클수록
  ㉡ 압축비가 클수록
  ㉢ 비열비(C_p/C_v)가 클수록

④ 압축비가 클 때 장치에 미치는 영향
  ㉠ 토출가스 온도상승
  ㉡ 실린더 과열
  ㉢ 윤활유 열화 및 탄화
  ㉣ 피스톤 마모 증대
  ㉤ 각종 효율 감소
  ㉥ 축수하중 증대
  ㉦ 냉동능력 감소
  ㉧ 압축기 소요동력 증대

4. 응축기

1) 각 응축기의 특징

① 입형 쉘&튜브식

장 점	단 점
옥외설치가 가능하다. 설치면적이 작다. 운전중 청소가 용이하다. 과부하에 잘 견딘다.	냉각수 소비량이 많다. 냉각관의 부식이 쉽다. 냉매의 과냉각이 어렵다.

② 횡형 쉘 & 튜브식

장 점	단 점
전열이 양호하여 냉각수 소비량이 적다. 소형,경량으로 할 수 있다. 수액기를 겸할 수 있다.	과부하에 견디지 못한다. 냉각관 부식이 쉽다. 청소가 업렵다.

③ 7통로식

장 점	단 점
열통과율이 가장 좋다. 능력에 따라 조립사용이 가능하다. 벽면설치가 가능하다.	1대로서 대용량 제작이 어렵다. 구조가 복잡하다. 냉각관 청소가 어렵다.

④ 2중관식

장 점	단 점
고압에 잘 견딘다. 과냉각이 양호하다. 냉각수량이 적게 든다.	냉각관 청소가 어렵다. 대형에는 부적합하다. 냉각관의 부식발견이 어렵다.

⑤ 쉘&코일식

장 점	단 점
소형, 경량화가 가능하다. 냉각수량이 적게 든다. 가격이 싸다.	냉각관 청소가 어렵다. 냉각관 교환이 어렵다.

⑥ 증발식(에바콘)

장 점	단 점
냉각수 소비가 가장 적다. 옥외설치가 가능하다. 냉각탑이 필요없고 공랭식으로도 사용가능하다.	전열이 불량하다. 압력강하가 크다. 펌프, 팬 등 동력이 필요하다. 청소 및 보수가 어렵다.

⑦ 공랭식

장 점	단 점
냉각수, 수배관, 배수설비가 필요없다. 옥외설치가 가능하다. 냉각관 부식이 적다.	응축온도가 높다. 형상이 커진다. 겨울 사용시 응축온도 조절이 필요하다.

※ 열통과율이 좋은 응축기의 순서
7통로식>횡형 쉘&튜브식>입형 쉘&튜브식>증발식(에바콘)>공랭식

2) 냉각탑(쿨링타워)

응축기에서 열을 흡수하여 온도가 높아진 냉각수를 공기와 접촉시켜 물의 증발잠열을 이용하여 냉각시킴으로서 냉각수를 다시 사용할 수 있도록 하는 일종의 냉각수 재생장치이다.

① 원리

수냉식 응축기에서 사용한 냉각수를 재사용하기 위한 장치로서 냉각수 절약을 위해 사용하며, 냉각수 순환계통이 외기와 개방되어 있는 개방회로이다.

② 특징
　㉠ 수원이 풍부하지 못한 곳에서 냉각수를 절약
　㉡ 증발식 응축기의 원리와 비슷
　㉢ 냉각수의 온도는 외기의 습구온도의 영향을 받는다.
　㉣ 냉각탑 출구 수온은 외기의 습구온도보다 높다.

③ 냉각탑의 능력선정

　　Q = 냉각수량($l/\min$)×쿨링 렌지×60

　㉠ 1냉각톤 : 냉각탑의 냉각능력 3,900[$kcal/h$]를 1냉각톤이라 한다.

> ※조건
> · 입구공기 습구온도 : 27°C　　· 냉각탑 입구수온 : 37°C
> · 냉각탑의 출구수온 : 32°C　　· 순환수량 : 13$l/\min$
> ∴ $Q = 13 \times (37-32) \times 60 = 3900[kcal/h]$

　㉡ 쿨링렌지 : 냉각수 입구수온-출구수온
　㉢ 쿨링어프로치 : 냉각수 출구수온-입구공기의 습구온도

> ※ 엘리미네이터
> 냉각탑 출구에서 물방울이 기류에 함께 비산되는 것을 방지하는 장치

3) 응축기에서의 응축부하 계산

① 냉동장치에서의 계산

　$Q_1 = Q_2 + AW$

　(Q_1 : 응축열량[$kcal/h$], Q_2 : 냉동능력[$kcal/h$], AW: 압축일량[$kcal/h$])

② 방열계수에 의한 계산

　$Q_1 = Q_2 \cdot C$

　C: 방열계수
　공조 or 냉장시 : $C = 1.2[kcal/h]$, 냉동, 제빙시 : $C = 1.3$

③ 냉각수량에 의한 계산(수냉식응축기의 경우)

$Q_1 = w \cdot C \cdot \Delta t$

$\quad = w \cdot C \cdot (tw_2 - tw_1)$

(w: 냉각수량[kg/h], C: 냉각수의 비열[$kcal/kg \cdot °C$], Δt : 냉각수 입출구 온도차[°C]
tw_1 : 냉각수 입구온도, tw_2 : 냉각수 출구온도)

④ 열통과율에 의한 방법

$Q_1 = K \cdot F \cdot \Delta t_m$

(K: 열통과율 $[kcal/m^2 h \,°C]$, F: 냉각관 전열면적 $[m^2]$
Δt_m : 냉매와 냉각수의 산술평균 온도차 $[°C]$
(응축온도 - 냉각수 평균온도))

※ 산술평균온도차

$\Delta t_m = t_2 - (\dfrac{t_{w1} + t_{w2}}{2})$

(t_1 : 응축온도, t_{w1} : 냉각수 입구온도, t_{w2} : 냉각수 출구온도)

4) 응축기에서의 안전관리

① 응축압력의 상승 원인
  ㉠ 수냉식일 경우 냉각수량 부족 및 냉각수온 상승시
  ㉡ 공랭식일 경우 송풍량 부족 및 외기온도 상승시
  ㉢ 응축기 냉각관에 스케일 등의 부착시
  ㉣ 냉매의 과충전이나 응축부하 과대시
  ㉤ 불응축 가스 존재시

② 응축압력(고압) 상승시 장치에 미치는 영향
  ㉠ 압축비 증대
  ㉡ 압축기 소요동력 증대
  ㉢ 피스톤 마모 및 토출가스 온도상승
  ㉣ 실린더 과열로 윤활유 열화 및 탄화
  ㉤ 성적계수 및 냉동능력 감소

③ 불응축 가스 존재시 장치에 미치는 영향
  ㉠ 응축능력 감소(열교환 저하)
  ㉡ 응축압력(고압) 상승으로 압축비 증대
  ㉢ 압축기 과열로 토출가스 온도상승
  ㉣ 압축기 소요동력 증대

5. 팽창밸브

팽창밸브의 종류
- 수동식 팽창밸브
- 자동식 팽창밸브
  - 온도식 자동팽창밸브(TEV)
  - 정압식 자동팽창밸브(AEV)
  - 플로우트식 팽창밸브
    - 저압측 플로우트 팽창밸브
    - 고압측 플로우트 팽창밸브
  - 파일럿TEV
  - 전기식(플로우트S/W + 전자밸브)
- 모세관

1) 팽창밸브의 용량 및 특성
① 용량 : 밸브시트(침 변좌)의 오리피스 지름
② 열역학적 특성 : 주울-톰슨 효과, 단열팽창(교축팽창), 등엔탈피 과정

2) 각 팽창밸브의 특징

① 수동식 팽창밸브

주로 NH_3 냉동장치(건식증발기)에 사용되며, 다른 팽창밸브의 고장을 대비한 바이패스 팽창밸브로 사용됨. 침밸브(니들밸브)로 되어 있어 미세한 유량을 조절할 수 있으며, 유량조절에 숙달이 필요하다.

② 자동식 팽창밸브
㉠ 온도식 자동팽창밸브(TEV)

증발기 출구에서 과열도를 감지하여 부하에 대응하여 냉매량을 조절한다. 감온통을 증발기 출구에 부착하며, 감온통 내부에는 냉동기 사용냉매와 같은 종류의 액체 또는 가스를 넣어 밀폐시키고 모세관으로 감온부와 연결한다.
※ 흡입관경이 7/8in(20mm) 이하일 때는 관의 상부(수직상단)에 설치
  흡입관경이 7/8in(20mm) 초과할 때에는 관의 중앙에서 45° 하부(수평하단)에 설치

㉡ 정압식 자동팽창밸브(AEV)

증발기의 압력에 의해 작동하므로 증발압력을 항상 일정하게 유지할 수 있으며 냉수나 브라인의 동결을 방지하지만, 냉동부하에 따른 냉매량 조절이 불가능하다. 따라서 부하변동이 적은 프레온 냉매를 사용하는 장치에 사용하며, 벨로우즈식, 다이아프램식이 있다.

㉢ 플로우트식 팽창밸브
ⓐ 저압측 플로우트 팽창밸브(LSF : Low Side Float valve)

증발기 액면에 의해 냉매를 공급하는 방식으로 만액식 증발기에 주로 사용되며 저압측 액면을 일정하게 유지할 수 있다.

제2장. 냉동기초

　　ⓑ **고압측 플로우트 팽창밸브**

　응축기나 수액기 액면에 의해 냉매량을 조절하며 고압측 액면을 일정하게 유지할 수 있다. 마찬가지로 만액식 증발기에 사용된다.

　　ⓔ **파일럿TEV**

대용량일 경우 다이어프램식 대신 채택

　　ⓜ **모세관**

가늘고 긴 관으로서 전후 압력차에 의해 냉매량이 조절되며, 모세관의 압력강하는 지름이 가늘고 길수록 크다. 압축기 정지중에 고저압이 밸런스되므로 기동시 경부하 기동이 가능하며, 냉매충전량이 정확해야 한다. 증발부하가 적은 가정용 냉장고, 창문형 에어컨, 쇼케이스 등에 널리 쓰인다.

3) 팽창밸브의 안전관리

① 팽창밸브의 개도 과소시
　㉠ 증발압력(저압) 및 증발온도 저하
　㉡ 압축비 증가
　㉢ 압축기 소요동력 증가
　㉣ 압축기 고열 및 토출가스온도 상승
　㉤ 윤활유 열화 및 탄화
　㉥ 냉동능력 감소

② 팽창밸브의 개도 과대시
　㉠ 저항감소로 증발압력 상승
　㉡ 증발온도 상승
　㉢ 냉매 공급량 증가
　㉣ 액압축 발생

6. 증발기

1) 팽창방식에 의한 분류

① **직접팽창식** : 증발기에 의해 냉동실이나 냉장실의 물체 또는 공기를 직접냉동, 냉각시키는 방식으로 소형냉동기, 룸 에어컨, 가정용 냉동기 등에 사용된다.

② **간접팽창식**
증발기로 공기, 물 또는 브라인 등 2차 냉매를 냉각시키고, 2차 냉매가 다시 냉동

실이나 냉각실의 물체를 냉동, 냉각시키는 방식으로 브라인식이라고도 한다. 냉동어선, 제빙, 양조 등의 산업용 대형 냉동기나 대형 공조기에 사용된다.

구 분	직접팽창식	간접팽창식
열운반 특성	잠열	현열
동일 냉장실온 유지를 위한 증발온도	고	저
RT당 냉매순환량	소	대
RT당 냉매충전량	대	소
RT당 냉동능력	소	대
RT당 소요동력	소	대
설비의 복잡성	간단	복잡

2) 증발기 내부 냉매 상태에 따른 분류

① 건식 증발기

증발기 내에 냉매액 25%, 냉매가스 75%의 비율로 채워진 방식으로 증발기관내에 냉매액보다 가스량이 많으므로 전열이 불량하다. 냉매를 위에서 아래로 공급하는 방식으로 오일이 증발기내에 고일 염려가 없어 유회수가 용이하므로 유회수장치가 필요없다. 주로 공기냉각용으로 사용되며 대표적으로 관코일형 증발기가 있고, 헤어핀 식이 가장 많이 사용된다.

② 반 만액식 증발기

증발기 내에 냉매액 50%, 냉매가스 50%의 비율로 채워진 방식으로 NH_3 직접팽창식에서 채택하는 방식이며, 냉매를 아래에서 위로 공급한다. 건식에 비해 냉매량은 많이 드나 전열은 양호한 편이며, 냉각관에는 오일이 체류할 가능성이 있어 유회수에 주의하여야 한다.

③ 만액식 증발기

증발기 내에 냉매액 75%, 냉매가스 25%의 비율로 채워진 방식으로 냉매액에 냉각관이 잠겨져 있는 상태이므로 전열이 양호하고, 냉각코일의 효율이 좋다. 냉각관 내에 오일이 고일 염려가 있어 프레온일 경우 유회수장치가 필요하다. 액백(liquid back)을 방지하는 장치를 설치하여야 하며, NH_3용은 액분리기(accumulator), 프레온은 열교환기를 설치하여야 한다.

④ 액순환식(액펌프식) 증발기

증발기 출구에서 냉매액 80%, 냉매가스 20% 의 비율로 존재하며 증발기에서 증발하는 냉매량의 4~6배의 액을 액순환 펌프를 사용하여 강제순환시키는 방식이다. 강제순환이므로 증발기 내에 오일이 고일 염려가 없으며, 냉각코일에서 배관저항에 대한 압력강하도 적다. 다른 증발기보다 냉매량이 많이 들고 저압수액기, 액펌프 등을 설치하므로 설치비가 많이 드나, 액백을 방지하고 제상의 자동화가 용이하며, 증발기가 여러대 있어도 팽창밸브 1개로 사용할 수 있어 주로 NH_3용 대형냉동장치, 급속동결장치에 사용된다.

> ※ 액펌프를 저압 수액기보다 약 1.2m 정도 낮게 설치하여 공동(캐비테이션) 현상을 방지하여야 한다.

구분	원리	특성
건식	액25%+ 가스75%	냉매공급 : 상부에서 하부로 냉매액이 적어 전열불량 공기냉각용에 사용
반 만액식	액50%+ 가스50%	냉매공급 : 하부에서 상부로 건식보다 전열양호 증발기에 오일이 체류하므로 유회수장치가 필요
만액식	액75%+ 가스25%	액압축방지를 위해 액분리기 설치 냉매액이 많아 전열우수 증발기에 오일이체류하므로 유회수장치가 필요
액순환식	액80%+ 가스20%	액분리기 및 펌프의설치로 설비비가 많이 듬 전열이 타 증발기보다 20%양호 증발기가 여러대라도 팽창밸브는 1개로 사용 제상의 자동화가 용이

> ※ 만액식 증발기에서 냉매측의 전열을 좋게 하는 방법
> - 관이 냉매액과 접촉하거나 잠겨있을 것
> - 관경이 작고 관 간격이 좁을 것
> - 관면이 거칠거나 핀을 부착할 것
> - 평균온도차가 크고 유속이 적당히 클 것
> - 오일이 체류하지 않을 것

> ※ 냉매분배기(분류기, 디스트리뷰터)
> 증발기로의 냉매공급을 균등히 하기 위하여 사용됨

3) 증발기 용도에 따른 분류

① 공기냉각기용
  ㉠ 나관 코일식 증발기

증발기의 기본형으로 구조가 간단하고, 관내에 냉매, 외측에 공기가 흐르는 구조이며, 관길이가 길어지므로 압력강하가 크고, 열통과율이 나쁘다. 냉장고 및 쇼케이스용에 사용된다.

  ㉡ 멀티피드 멀티석션 증발기

코일내에 냉매, 외측에 공기가 흐르는 구조로, 냉매액이 관내를 흐르는 동안 가스헤더를 통해 냉매액과 가스를 분리해 가는 방식이며, 양호한 전열효율을 갖는다.

  ㉢ 캐스캐이드 증발기

멀티피드 멀티석션 증발기와 같은 원리의 증발기로, 수직 형태를 갖추었음.

  ㉣ 판형 증발기

관내에 냉매, 외측에 공기가 흐르는 구조로, 알루미늄, 스테인레스 판을 사용한다.

  ㉤ 핀 코일식 증발기

나관에 알루미늄 핀을 부착한 코일에 송풍기를 조합한 구조이다.

② 액체냉각용
  ㉠ 쉘&튜브식 증발기
  ㉡ 보데로형 증발기
  ㉢ 쉘&코일식 증발기
  ㉣ 헤링본(탱크형)증발기

4) 제상방법

① 압축기 정지 제상
② 온공기 제상
③ 전열제상
④ 브라인 및 온수살수 제상
⑤ 고압가스(핫 가스) 제상

> ※ 고압가스(Hot gas)제상시 핫 가스 인출위치 : 유분리기와 응축기 사이

5) 증발기에서의 계산

냉동능력(Q_2) : 증발기에서 냉매액이 피냉각물체로부터 흡수하는 열량[kcal/h]

① 냉동장치에서의 방법

$$Q_2 = Q_1 - AW$$

(Q_2 : 냉동능력[kcal/h], Q_1 : 응축열량[kcal/h], AW : 압축일량[kcal/h])

② 방열계수에 의한 방법

$$Q_2 = \frac{Q_1}{C}$$

C : 방열계수
공조 or 냉장시 : $C = 1.2$[kcal/h], 냉동, 제빙시 : $C = 1.3$

③ 브라인에 의한 방법

$$Q_2 = G_b \cdot C \cdot \Delta t$$
$$= G_b \cdot C \cdot (tb_1 - tb_2)$$

(G : 브라인의 유량[kg/h], C : 브라인의 비열[kcal/kg·°C]

Δt : 브라인의 입출구 온도차[°C], tb_1 : 브라인 입구온도, tb_2 : 브라인 출구온도)

④ 열통과율에 의한 방법

$$Q_2 = K \cdot F \cdot \Delta t_m$$
$$= K \cdot F \cdot \left[\left(\frac{t_{b1} + t_{b2}}{2}\right) - t_2\right]$$

(K : 열통과율[kcal/m²h°C], F : 냉각관 전열면적[m²]
Δt_m : 브라인과 냉매의 평균 온도차[°C], t_2 : 증발온도)

⑤ 냉매순환량에 의한 방법

$$Q_2 = G \times q_2$$
$$= G \times (i_a - i_e)$$
$$= \frac{V_a}{v} \times \eta_v \times (i_a - i_e)$$

(G : 냉매순환량(kg/h), q_2 : 냉동효과(kcal/kg)

i_a : 증발기 출구 엔탈피(kcal/kg), i_e : 증발기 입구 엔탈피(kcal/kg)

※ 냉동능력

$$RT = \frac{G \times q_2}{3320} = \frac{V_a \cdot (i_a - i_e)}{3320 \cdot v} \times \eta_v$$

(v : 압축기 흡입가스 비체적(m^3/kg), V_a : 압축기 피스톤 압출량(m^3/h), η_v : 체적효율)

입문 공조냉동기계기초

6) 증발기에서의 안전관리

① 증발압력(저압)이 낮아지는 원인
  ㉠ 증발관 내 적상 및 유막 과대시
  ㉡ 팽창밸브의 개도 과소시
  ㉢ 팽창밸브 및 여과기 등이 막혔을 때
  ㉣ 냉매 충전량 부족시
  ㉤ 액관중의 플래쉬가스 발생시
  ㉥ 증발부하 감소시

② 증발압력(저압)이 저하에 따른 장치에 미치는 영향
  ㉠ 증발온도 저하
  ㉡ 압축비 증가
  ㉢ 압축기 소요동력 증가
  ㉣ 실린더 과열 및 토출가스 온도 상승
  ㉤ 윤활유 열화 및 탄화
  ㉥ 냉동능력 감소

7. 부속기기

1) 고압수액기
① 역할 : 응축기에서 응축된 고압의 액 냉매를 일시에 저장
② 수액기의 크기 : 순환 냉내량의 1/2 이상을 저장

2) 불응축가스 퍼져

① 불응축가스 인출위치
  ㉠ 응축기와 수액기 상부나 균압관
  ㉡ 증발식 응축기의 액헤더 상무

② 불응축가스가 장치 내에 존재하는 원인
  ㉠ 장치의 신설, 수리시 진공건조작업 불충분시 잔류공기
  ㉡ 냉매, 오일 충전시 부주의로 인하여 침입한 공기
  ㉢ 순도가 낮은 냉매 및 오일 충전시
  ㉣ 저압의 진공운전에 따른 축봉부에서의 누입된 공기

3) 유분리기
① 역할
  압축기에서 토출된 냉매가스중의 오일을 분리하여 압축기 윤활불량을 방지하고 응축기나 증발기에서의 유막형성으로 인한 전열방해 방지
② 설치 위치
  압축기와 응축기 사이
③ 설치 경우
  ㉠ 만액식 증발기를 사용하는 경우
  ㉡ 증발온도가 낮은 저온장치인 경우
  ㉢ 토출가스 배관이 길어지는 경우
  ㉣ 토출가스에 다량의 오일이 섞여 나가는 경우

4) 액분리기
① 역할 : 압축기로 액 유입을 방지하여 액압축을 방지하며 보온 처리한다.
② 설치 : 압축기 흡입측에 설치

5) 열교환기
① 역할: 냉매액을 과냉각 시켜 냉동효과를 증대시키고 흡입가스를 과열시켜 액압축을 방지

6) 건조기(제습기)
① 역할 : 프레온 냉동장치에서 수분에 의한 팽창밸브동결 폐쇄를 방지
② 건조제의 종류 : 실리카겔, 알루미나겔, 소바비드, 몰리큘리시이브스 등

7) 투시경(사이트 글라스)
① 역할 : 냉매중의 수분혼입 여부와 냉매 충전량의 적정여부 확인
② 응축기와 팽창밸브 사이(고압액관)의 부속기기 설치순서
  응축기 → 수액기 → 드라이어 → 스이트글라스 → 전자밸브 → 팽창밸브

8) 여과기
① 역할 : 냉동장치의 배관 내 이물질 제거
② 여과기의 규격(메쉬 : 1in당 눈금수)
  ㉠ 액관인 경우 : 80~100[mesh]
  ㉡ 가스관인 경우 : 40[mesh]

8. 안전장치 및 자동제어장치

1) 안전장치

① 안전두(안전헤드)
   ㉠ 원리 : 압축기 내로 액이나 이물질 유입시 이상압력 상승에 따라 헤드가 들어 올려져 액압축 및 오일햄머 등에 의한 압축기 파손을 방지
   ㉡ 작동 : 정상고압 + $3[kg/cm^2]$

② 안전밸브
   ㉠ 원리 : 압축기나 압력용기 내의 압력이 이상 상승시 가스를 방출하여 장치의 파손을 방지
   ㉡ 작동 : 정상고압 +$5[kg/cm^2]$

③ 파열판(Rupture disk)
   ㉠ 원리 : 압력용기 등에 설치하여 내부압력의 이상 상승시 박판이 파열되어 가스를 분출
   ㉡ 특징 : 1회용으로 한번 파열되면 새것으로 교체
          스피링 안전밸브보다 가스분출량이 많다.
          구조가 간단하고 취급이 용이하다.
   ㉢ 설치 : 터보냉동기 저압측에 설치

④ 가용전(Fusible plug)
   ㉠ 원리 : 실내온도 상승이나 화재 등으로 인한 냉매의 온도 상승시 가용합금이 용융되어 가스를 대기 중으로 분출
   ㉡ 용융온도 : 68~75[°C]
   ㉢ 합금성분 : 납(Pb), 주석(Sn), 안티몬(Sb), 카드뮴(Cd), 비스무트(Bi) 등
   ㉣ 가용전의 구경 : 최소 안전밸브구경의 1/2 이상
   ㉤ 설치 : 프레온용 수액기나 응축기, 냉매용기의 증기부에 설치하며, 압축기 토출가스의 영향을 받지 않는 곳에 설치한다.

⑤ 고압차단 스위치(H.P.S)
   ㉠ 원리 : 고압이 일정이상 상승하면 전기접점이 차단되어 압축기를 정지
   ㉡ 작동 : 정상고압 + $4[kg/cm^2]$

© 고압차단 스위치의 설치위치
   1대의 압축기 사용시 : 압축기와 토출스톱밸브 사이
   여러 대의 압축기 사용시 : 압축기 토출가스 공동헤더

⑥ 저압차단 스위치(L.P.S)
  ㉠ 원리 : 저압이 일정 이하로 저하하면 전기접점이 차단되어 압축기를 정지
  ㉡ 설치 : 압축기 흡입관

⑦ 고·저압차단 스위치(D.P.S)
  ㉠ 원리 : 고압이 일정이상 상승하거나 저압이 일정이하로 저하하면 압축기를 정지
  ㉡ 특징 : H.P.S + L.P.S 조합

⑧ 유압보호 스위치(O.P.S)
  ㉠ 원리 : 압축기 운전시 유압이 형성되지 않거나 유압이 일정이하로 떨어질 경우 압축기를 정지하여 윤활 불량에 따른 압축기 파손을 방지
  ㉡ 작동 : 흡입압력과 유압의 차압

> ※ 압축기 보호장치 : 안전두, 고압차단스위치, 안전밸브, 유압보호스위치 등

2) 자동제어 장치

① 전자밸브(솔레노이드 밸브)
  ㉠ 원리 : 전자석의 원리에 의해 밸브를 개폐시킨다.
  ㉡ 전자밸브의 사용목적 : 액압축 방지, 냉매의 브라인 흐름제어, 온도제어

② 증발압력 조정밸브(EPR)
  ㉠ 원리 : 증발압력이 일정이하가 되지 않도록 제어
  ㉡ 역할 : 냉수나 브라인 등의 동결을 방지
  ㉢ 설치 : 증발기 출구

③ 흡입압력 조정밸브(SPR)
  ㉠ 원리 : 흡입압력이 일정이상 되지 않도록 제어
  ㉡ 역할 : 압축기 과부하에 따른 전동기 소손방지
  ㉢ 설치 : 압축기 흡입관

④ 절수밸브

수냉식 응축기의 부하변동에 따른 냉각수량을 제어하여 냉각수를 절약하고 응축압력을 일정하게 유지

⑤ 단수 릴레이

브라인 및 수냉각기에서 유량의 감소에 따른 배관의 동파를 방지하고 압축기를 정지시킴

⑥ 온도조절기(T.C)

온도변화를 검출하여 전기적인 접점을 ON/OFF 시키는 스위치

9. 저온냉동장치

1) 2단 압축장치
 ① 목적 : 증발압력 저하에 따른 압축비 상승으로 소요동력 증가시
 ② 채용 : 압축비가 6 이상인 경우, -35[°C] 이하의 증발온도를 얻고자 할 때

> ※ 중간압력 = $\sqrt{고압측 절대압력 \times 저압측 절대압력}$
> ※ 부스터 압축기 : 저단압축기

2) 2원 냉동장치
 ① 목적 : -70[°C] 이하의 초저온을 얻기 위하여
 ② 냉매
  ㉠ 저온측 냉매(비등점이 낮은 냉매) : R-13, R-14, 메탄, 에탄, 에틸렌
  ㉡ 고온측 냉매(비등점이 높은 냉매) : R-12, R-22 등
 ③ 팽창탱크 : 저온측 증발기에 설치
 ④ 캐스케이드 응축기 : 고온측 증발기와 저온측 응축기의 조합

제3장 공기조화

1. 공기조화의 기초

1) 공기조화의 정의
① 일정한 장소의 공기를 사용목적에 맞게 유지하는 것.
② 공기조화의 4요소 : 온도, 습도, 기류속도, 청정도

2) 공기조화의 분류
① 쾌감(보건)용 공기조화 : 실내의 사람을 대상으로 쾌적한 상태를 유지하는 것을 목적으로 함.
② 산업용 공기조화 : 생산물품이나 기계(공장, 창고, 전산실 등) 등을 대상으로 하는 공기조화

3) 실내조건
① 실내 적정 온도
  ㉠ 냉방시 : 25~28[℃] 정도
  ㉡ 난방시 : 18~22[℃] 정도
② 재실자가 상쾌함을 느끼는 범위(쾌감대)
  ㉠ 여름 : 유효온도 20~23[℃], 상대습도 60~70[%]
  ㉡ 봄, 가을 : 유효온도 16~21[℃], 상대습도 50~60[%]
  ㉢ 겨울 : 유효온도 17~22[℃], 상대습도 60~65[%]

> ※ 유효온도(ET) : 인체가 느끼는 쾌적온도의 지표
> ※ 유효온도 결정 3요소 : 온도, 습도, 기류속도
> ※ 수정유효온도 : 유효온도(온도, 습도, 기류속도)에 복사열을 고려한 체감온도
> ※ 불쾌지수 : 결정요소(건구온도, 습구온도, 절대습도)
> - 불쾌지수가 75이상이면, 약간 더운 정도(반 이상이 불쾌감을 느낌)

4) 공기조화 설비
① 열원장치
② 공기조화기(온도/습도 조절장치, 공기여과장치)
③ 자동제어장치
④ 열운반장치(공기이동과 순환장치)

5) 공기조화 설비의 구성
① 열원장치 : 냉동기, 보일러, 흡수식 냉온수기, 빙축열설비, 냉각탑 등
② 공기조화기 : 공기여과기, 공기냉각기(제습기), 공기가열기, 공기세정기(가습기)
③ 자동제어장치 : 온도, 습도 제어장치
④ 열운반장치 : 송풍기, 덕트, 펌프, 배관 등

※ 실내온도 검출기(써모스탯)의 설치
 - 바닥에서 1.5[m] 높이에 설치(사람의 호흡되는 높이)

6) 공기조화기의 구성
에어필터 → 냉수코일 → 온수코일 → 가습기 → 펜

7) 공기조화기의 구성기기에 따른 약호
① 에어필터(Air Filter : AF)
② 공기냉각기(Cooling Coil : CC)
③ 공기가열기(Heating Coil : HC)
④ 가습기(Air Washer : AW)
⑤ 공기재열기(Re-Heater : RH)
⑥ 공기예냉기(Pre Cooling : PC)

2. 공기의 성질

1) 공기의 비중량(20[°C])
$1.2[kg_f/m^3]$

2) 노점온도(결로온도)
① 공기를 냉각하면 습공기중에 함유된 수증기가 공기로부터 분리되어 결로되기 시작하는 온도
② 이슬이 맺히는 온도(이슬점 온도)
③ 상대습도가 100[%] 포화상태에서는 공기중의 수증기가 결로하기 시작하는 온도

3) 절대습도 ($x, kg/kg'$)
건공기 1kg 중에 포함되어 있는 수증기 중량

$$x = 0.622 \frac{P_w}{P - P_w}$$

(P : 대기압($P_a + P_w$), P_w : 수증기분압, P_a : 건공기분압)

4) 상대습도(φ, %)

$$\varphi = \frac{P_w}{P_s} \times 100 = \frac{\gamma_w}{\gamma_s} \times 100$$

P_w : 습공기의 수증기 분압, P_s : 동일온도 포화수증기압

γ_w : 습공기의 $1m^3$ 중에 함유된 수분의 중량,

γ_s : 동일온도 포화공기 $1m^3$ 중에 함유된 수증기 중량)

5) 현열비(SHF)

$$SHF = \frac{\text{현열}}{\text{전열}} = \frac{\text{현열}}{\text{현열} + \text{잠열}}$$

6) 현열

$q_a = G(h_2 - h_1)$

　$= G \cdot C \cdot \Delta t$

　$= G \cdot 0.24 \cdot \Delta t$

　$= Q \cdot \gamma \cdot 0.24 \cdot \Delta t$

　$= Q \cdot 1.2 \cdot 0.24 \cdot \Delta t$

　$= Q \cdot 0.29 \cdot \Delta t$

G : 송풍량 $[kg/h]$

Q : 송풍량 $[m^3/h]$

C : 비열 $[kcal/kg\,°C]$

γ : 공기 비중량 $[kg_f/m^3]$

Δt : 온도차 $[°C]$

Δx : 절대습도차 $[kg/kg']$

7) 잠열

$q_L = G \cdot r \cdot \Delta x$

　$= G \cdot 597.5 \cdot \Delta x$

　$= 1.2Q \cdot 597.5 \cdot \Delta x$

　$= 717 \cdot Q \cdot \Delta x$

8) 습공기 엔탈피(h)

습공기 엔탈피 = 건공기 엔탈피 + 수증기 엔탈

$$h = C_{pa} \cdot t + x(r + C_{pw} \cdot t)$$
$$= 0.24 \cdot t + x(597.5 + 0.441t)$$

- C_{pa} : 공기의 정압비열 $[0.24 kcal/kg\,°C]$
- r : 수증기의 $0°C$에서의 증발잠열 $[597.5 kcal/kg]$
- C_{pw} : 수증기의 정압비열 $[0.44 kcal/kg\,°C]$
- x : 절대습도 $[kg/kg']$

3. 습공기 선도

1) 습공기 선도의 구성

① 건구온도(DB)
② 습구온도(WB)
③ 상대습도(φ)
④ 절대습도(x)
⑤ 수증기 분압(P_w)
⑥ 엔탈피(h)
⑦ 비체적(v)
⑧ 열수분비(u)
⑨ 노점온도(DP)
⑩ 현열비선(SHF)

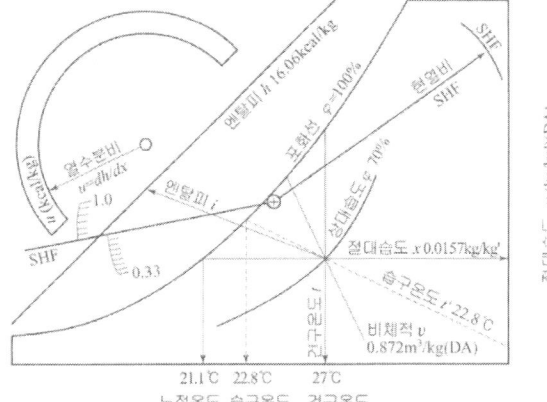

2) 습공기선도에서의 상태변화

0-1 : 가열
0-2 : 냉각
0-3 : 가습(등온)
0-4 : 감습, 제습(등온)
0-5 : 가열가습
0-6 : 냉각가습(단열가습)
0-7 : 냉각감습(냉각제습)
0-8 : 가열감습

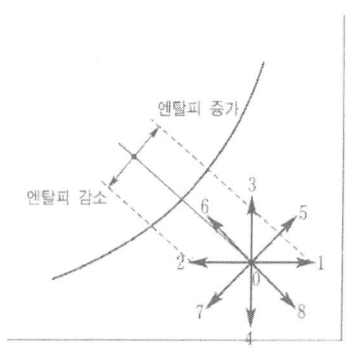

3) 혼합공기의 상태변화

상 태	건구온도	상대습도	절대습도	엔탈피
가열(0→1)	상승	감소	-	증가
냉각(0→2)	감소	상승	감소	감소

4) 외기와 실내공기(환기)와의 혼합

$$t_3 = \frac{Q_1 t_1 + Q_2 t_2}{Q_1 + Q_2} \qquad x_3 = \frac{Q_1 x_1 + Q_2 x_2}{Q_1 + Q_2} \qquad h_3 = \frac{Q_1 h_1 + Q_2 h_2}{Q_1 + Q_2}$$

5) 바이패스 팩터(BF)

냉각 또는 가열코일과 접촉하지 않고 그대로 통과하는 공기의 비율로 BF가 작을수록 코일성능이 우수하며, 코일의 전열면적이 크면 바이패스 팩터는 작아진다.

$$BF = \frac{t_3 - t_2}{t_1 - t_2}$$

$$= \frac{h_3 - h_2}{h_1 - h_2}$$

$$= \frac{x_3 - x_2}{x_1 - x_2}$$

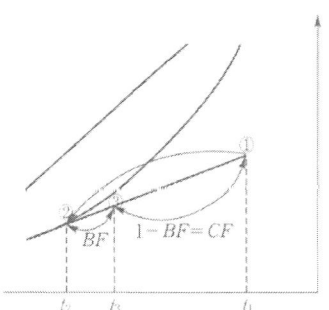

※ 바이패스 팩터가 커지는 이유
① 코일의 열수가 감소할 때
② 콘텍트 팩터가 감소할 때
③ 코일튜브 간격이 증가할 때
④ 코일 표면적(전열면적)이 감소할 때
⑤ 송풍량이 증가할 때
⑥ 냉온수 순환량이 감소할 때

4. 공조방식

1) 공조방식의 분류

구 분	열매체에 의한 분류	방 식
중앙식	전공기 방식	단일덕트 방식(정풍량, 변풍량)
		2중덕트 방식(멀티존 방식)
		각층 유닛 방식
	공기 - 수 방식	팬코일 유닛 방식(덕트병용)
		유인(인덕션)유닛 방식
		복사냉난방 방식
	수방식	팬코일유닛 방식
개별식	냉매방식	룸쿨러(룸에어컨)
		패키지유닛 방식
		멀티유닛 등

2) 열매체에 따른 각 공조방식의 특징

① 전공기 방식
공조기에서 공급된 냉·온풍을 덕트를 통해 실내로 취출하여 공기에 의해 실내부하를 처리하는 방식

장 점	단 점
① 송풍량이 많아서 실내공기의 오염이 적다. ② 중간계절(봄, 가을)에 외기냉방이 가능하다. ③ 바닥에 노출되지 않으므로 실의 유효면적이 넓다. ④ 실에 수배관이 없어서 누수의 염려가 없다.	① 대형의 덕트가 필요하므로 덕트 스페이스가 크다. ② 냉·온풍의 운반에 소요되는 동력이 냉·온수를 운반하는 동력보다 크다. ③ 공조기의 설치면적이 넓다. ④ 개별제어가 어렵다.

② 전수 방식
중앙기계실에서 냉온수를 팬코일유닛에 공급하여 실내부하를 물에 의해 처리하는 방식

장 점	단 점
① 덕트 스페이스가 필요하지 않다. ② 열운반동력이 작다. ③ 각실제어가 용이하다. ④ 증설이 용이하다.	① 신선한 외기도입 및 고성능 필터를 사용할 수 있다. ② 실내 쾌감도가 떨어진다. ③ 수배관에 의한 누수 우려가 있다. ④ 유닛에서 소음발생 및 바닥이용도가 떨어진다.

③ 공기 - 수 방식
중앙기계실에서 공급되는 공기와 물에 실내부하를 처리하는 방식

장 점	단 점
① 덕트의 설치공간을 줄일 수 있다. ② 전공기방식에 비해 송풍동력이 감소된다. ③ 개별제어가 가능하다. ④ 존의 구성이 용이하다.	① 전공기방식보다 실내공기의 오염 우려가 있다. ② 보수 및 유지관리가 어렵다. ③ 유닛에서 소음발생 및 바닥이용도가 떨어진다. ④ 수배관에서의 누수우려가 있다.

④ 냉매방식
냉동기를 설치하여 패키지 유닛에 의해 냉방부하를 처리하는 방식으로 개별제어 및 증설이 용이하다.

3) 각 공조방식의 특징
① 단일덕트 방식
중앙공조기에서 조화된 냉온풍의 공기를 1개의 덕트를 통해 실내로 공급하는 방식
② 이중덕트 방식
냉풍과 온풍을 각각의 덕트를 통해 공급한 후 각 실에 설치된 혼합상자에서 실내부하에 맞게 혼합하여 각실에 송풍하는 방식으로 에너지 손실이 크다.
③ 유인유닛(인덕션)방식
중앙에 설치된 공조기에서 1차공기를 고속으로 유인유닛에 보내 유닛의 노즐에서 불어내고, 그 압력으로 실내의 2차공기를 유인하여 송풍하는 방식
④ 팬코일유닛 방식
필터, 냉온수코일, 송풍기가 내장된 팬코일 유닛에 중앙기계실로부터 냉온수를 공급하여 실내부하를 처리하는 방식

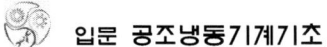

⑤ 복사 냉난방 방식

중앙기계실에서 냉온수를 바닥이나 벽 패널의 파이프로 통과시키고 천장을 통해 공기를 동시에 송풍하여 냉난방하는 방식

5. 공조부하

1) 공조부하의 분류

① 냉방부하

구 분		방 식	열의 종류
실내취득 부하	외부침입열량	① 벽체를 통한 취득열량 (외벽, 지붕, 내벽, 바닥, 문)	현열
		② 유리창을 통한 취득열량 (복사열, 전도열)	현열
		③ 극간풍(틈새바람)에 의한 취득열량	현열, 잠열
	실내발생부하	④ 인체의 발생열량	현열, 잠열
		⑤ 조명의 발생열량	현열
		⑥ 실내기구의 발생열량	현열, 잠열
기기취득부하		⑦ 송풍기에 의한 취득열량	현열
		⑧ 덕트로부터의 취득열량	현열
재열부하		⑨ 재열에 따른 취득열량	현열
외기부하		⑩ 외기의 도입에 의한 취득열량	현열, 잠열

※ 각 부하의 크기 순서
냉동기 부하 > 냉각코일 부하 > 실내부하 > 외기부하

※ 공조부하 중 비중이 가장 큰 부하
① 벽, 천장, 바닥, 창을 통한 침입열량   ② 유리창을 통한 일사열량

② 난방부하

구 분		방 식	열의 종류
실내손실 부하	외부손실열량	① 벽체를 통한 손실열량 (외벽, 지붕, 내벽, 바닥, 문)	현열
		② 극간풍(틈새바람)에 의한 손실열량	현열, 잠열
기기손실부하		③ 덕트에서의 손실열량	현열
외기부하		④ 외기의 도입에 의한 손실열량	현열, 잠열

2) 공조부하의 계산

① 벽체부하

㉠ 외벽, 지붕(상당외기온도차로 계산) - 냉방부하 계산시

$$q = K \times A \times \Delta t_e \, [kcal/h]$$

- q : 취득열량 $[kcal/h]$
- K : 열관류(열통과)율 $[kcal/m^2 \cdot h \cdot °C]$
- A : 면적 $[m^2]$
- Δt_e : 상당외기온차 $[°C]$

㉡ 외벽, 지붕, 유리창(방위계수 고려) - 난방부하 계산시

$$q = K \times A \times \Delta t \times k \, [kcal/h]$$

- q : 손실열량 $[kcal/h]$
- K : 열관류(열통과)율 $[kcal/m^2 \cdot h \cdot °C]$
- A : 면적 $[m^2]$
- Δt_e : 상당외기온차 $[°C]$
- k : 방위계수

❋ 방위계수(k)

방위	동·서	남	북	남동·남서	북동·북서	지붕
방위계수	1.1	1.0	1.2	1.05	1.15	1.2

㉢ 내벽, 천정, 바닥(실내온도차로 계산) - 냉·난방 부하 계산시

$$q = K \times A \times \Delta t \, [kcal/h]$$

- q : 내벽으로부터의 취득열량 $[kcal/h]$
- K : 구조체의 열관류(열통과)율 $[kcal/m^2 \cdot h \cdot °C]$
- A : 구조체의 면적 $[m^2]$
- Δt : 실내외온도차 $[°C]$

② 유리창 부하 - 냉방부하 계산시
　㉠ 유리창의 일사부하

$$q_{GR} = I_{GR} \times A_g \times k_s \,[kcal/h]$$

- q_{GR} : 태양복사에 의한 취득열량 $[kcal/h]$
- I_{GR} : 표준 일사열량 $[kcal/m^2 \cdot h]$
- A_g : 유리창면적 $[m^2]$
- k_s : 차폐계수

　㉡ 유리창의 통과열량

$$q_{GR} = K \times A_g \times \Delta t \,[kcal/h]$$

- q : 유리창의 취득열량 $[kcal/h]$
- K : 유리창의 열관류(열통과)율 $[kcal/m^2 \cdot h \cdot °C]$
- A_g : 유리창면적 $[m^2]$
- Δt : 실내외온도차 $[°C]$

③ 극간풍(틈새바람) 부하 - 냉난방 부하 계산시

㉠ 현열부하 $= 0.24 \cdot G \cdot \Delta t$
　　　　　　$= 0.29 \cdot Q \cdot \Delta t \,[kcal/h]$

㉡ 잠열부하 $= 597.5 \cdot G \cdot \Delta x$
　　　　　　$= 717 \cdot Q \cdot \Delta x \,[kcal/h]$

- q_s : 현열부하 $[kcal/h]$
- q_L : 잠열부하 $[kcal/h]$
- G : 극간풍량 $[kg/h]$
- Q : 극간풍량 $[m^3/h]$
- $\Delta t(t_o - t_i)$: 온도차 $[°C]$
- $\Delta x(x_o - x_i)$: 절대습도차 $[kg/kg']$

※ 극간풍량 $Q[m^3/h]$의 산출방법
① 환기횟수법 : 환기횟수 × 실내체적
② 면적법 : 창면적 $1[m^2]$당 침입외기량 × 창면적
③ 클랙(극간길이)법 : 창문틈새 $1[m]$당 침입외기량 × 틈새길이(창문둘레 극간길이)

제3장. 공기조화

> ※ 극간풍량을 줄이는 방법
> ① 회전문을 설치한다.
> ② 2중문을 설치한다.(내측문은 수동식)
> ③ 2중문의 중간에 컨벡터를 설치한다.
> ④ 에어커튼을 설치한다.

④ 인체부하 - 냉방부하 계산시
  ㉠ 현열부하 = 1인당 현열량 × 재실인원수 $[kcal/h]$
  ㉡ 잠열부하 = 1인당 잠열량 × 재실인원수 $[kcal/h]$

⑤ 조명부하 - 냉방부하 계산시
  ㉠ 백열등의 발열량 $1[kW] = 860[kcal/h]$
  ㉡ 형광등의 발열량 $1[kW] = 1,000[kcal/h]$

⑥ 외기 부하 - 냉난방 부하 계산시
  ㉠ 현열부하 $= 0.24 \cdot G \cdot \Delta t = 0.29 \cdot Q \cdot \Delta t [kcal/h]$
  ㉡ 잠열부하 $= 597.5 \cdot G \cdot \Delta x = 717 \cdot Q \cdot \Delta x [kcal/h]$

> ※ 실내현열부하(q_s) = 실내취득 현열부하 + 기기내 취득부하(덕트, 송풍기 등)
> ※ 송풍량(Q)의 계산은 실내현열부하(q_s)에 의해 계산
> $$Q = \frac{q_s}{0.29 \cdot \Delta t} [m^3/h]$$

6. 공기조화기기

1) 공기여과기
실내 청정도 유지를 위하여 공기중의 먼지를 제거하는 장치
  ① 여과효율 측정법 : 중량법, 비색법(변색도법), 계수법(DOT법)
  ② 클래스 : $1[ft^3]$의 공기 중에 함유되는 $0.5[\mu m]$이상의 입자 수로 표시
  ③ 활성탄 필터 : 공기중의 냄새나 유해가스 제거

2) 냉온수 코일
  ① 코일 내 물의 유속 : 1.0[m/s] 정도
  ② 코일의 통과 풍속 : 2.0~3.0[m/s] 정도
  ③ 물이나 공기의 흐름방향은 대향류로 한다.
  ④ 코일 출구 수온의 온도차는 일반적으로 5[℃]로 한다.

3) 에어와셔(공기세정기)
  ① 증기분무가습 : 가습효율이 가장 좋다.

② 엘리미네이터 : 에어와셔(가습기)에서 발생되는 물방울이 기류에 함께 비산되는 것을 방지

4) 감습장치(제습장치)
① 일반적인 제습 : 냉각에 의한 제습
② 제습제
  ㉠ 흡수식 제습 : 염화리튬, 트리에틸렌글리콜
  ㉡ 흡착식 제습 : 실리카겔, 활성알루미나, 뮬리큐리시브스 등
  ㉢ 압축식 제습 : 동력소비가 크다.

5) 송풍기
① 송풍기의 종류
  ㉠ 원심식 : 다익형(시로코형), 터보형, 리밋로드형, 익형
  ㉡ 축류식 : 프로펠러형 등
② 송풍기번호

$$No = \frac{임펠러지름[mm]}{150}(원심식), \quad No = \frac{임펠러지름[mm]}{100}(축류식)$$

③ 송풍기 축동력

$$kW = \frac{Q \cdot P_r}{102 \times 60 \times \eta_r}$$

- Q : 송풍량 $[m^3/\min]$
- P_r : 전압 $[mmAq]$
- η_r : 전압효율 $[\%]$

④ 송풍기 상사의 법칙

$$Q_2 = Q_1 \left(\frac{N_2}{N_1}\right)^1 \left(\frac{D_2}{D_1}\right)^3$$

$$P_2 = P_1 \left(\frac{N_2}{N_1}\right)^2 \left(\frac{D_2}{D_1}\right)^2$$

$$kW_2 = kW_1 \left(\frac{N_2}{N_1}\right)^3 \left(\frac{D_2}{D_1}\right)^5$$

- N_1 : 변경 전 회전수
- N_2 : 변경 후 회전수
- D_1 : 변경 전 임펠러지름
- D_2 : 변경 후 임펠러지름
- Q_1, P_1, kW_1 : 변경 전 송풍량, 정압, 소요동력
- Q_2, P_2, kW_2 : 변경 후 송풍량, 정압, 소요동력

제3장. 공기조화

> ※ 송풍기는 회전수 변화에 풍량은 정비례, 풍압은 2제곱, 소요동력은 3제곱에 비례하고, 날개 지름의 변화에 풍량은 3제곱, 풍압은 2제곱, 소요동력은 5제곱에 비례한다.

⑤ 원심 송풍기 제어방법
  ㉠ 모터의 회전수 제어
  ㉡ 흡입, 토출댐퍼 개도 조절
  ㉢ 흡입 베인 조절
  ㉣ 가변 피치 제어(날개 각도 변화)

⑥ 기계(강제)환기 방식
  ㉠ 제1종 환기 : 급기팬 + 배기팬(보일러실, 병원수술실 등)
  ㉡ 제2종 환기 : 급기팬 + 배기구(반도체무균실, 소규모 변전실, 창고 등)
  ㉢ 제3종 환기 : 흡기구 + 배기팬(화장실, 조리장, 차고 등)

6) 펌프
  ① 원심펌프
    ㉠ 볼류트 펌프 : 가이드베인(안내날개)이 설치되어 있지 않으며 저양정용
    ㉡ 터빈펌프 : 가이드베인이 설치되어 고양정용
  ② 펌프의 축동력

축마력 $PS = \dfrac{rQH}{75 \times 60 \times \eta_p}$

축동력 $kW = \dfrac{rQH}{102 \times 60 \times \eta_p}$

r : 비중량 $[kg/m^3]$
Q : 유량 $[m^3/\min]$
H : 양정 $[mH_2O]$

  ③ 펌프의 상사법칙
  펌프는 회전수(속도)비에 따라 유량은 정비례하고 양정의 2제곱에 비례하고, 축동력은 3제곱에 비례한다.

$Q_2 = Q_1 \left(\dfrac{N_2}{N_1}\right)^1$

$H_2 = H_1 \left(\dfrac{N_2}{N_1}\right)^2$

$kW_2 = kW_1 \left(\dfrac{N_2}{N_1}\right)^3$

Q_1, Q_2 : 유량
H_1, H_2 : 양정
kW_1, kW_2 : 축동력
N_1, N_2 : 회전수

  ④ 캐비테이션(공동)현상
    ㉠ 원인 : 펌프 입구의 마찰저항 증가 및 수온 상승

ⓒ 방지대책 :
- 흡입측의 손실수두를 작게 한다.
- 펌프의 설치위치를 낮춘다.
- 펌프 회전수를 낮춘다.
- 양흡입펌프를 사용한다.
- 흡입관경을 크게 하거나 배관을 짧게 한다.

7. 덕트

1) 덕트의 재료
   ① 공조용 덕트의 일반적인 재료 : 아연도금 철판, 아연도금강판(함석)
   ② 고온의 가스나 공기가 통과하는 연도 : 열연강판

2) 풍속에 따른 덕트의 구분
   ① 저속덕트 : 주 덕트의 풍속이 15[m/s] 이하
   ② 고속덕트 : 주 덕트의 풍속이 15[m/s] 이상

3) 덕트의 적정두께

철판두께 [mm]	저속덕트(15[m/s]이하)		고속덕트(15[m/s]이상)	
	장방형 덕트 장변치수[mm]	원형(나선형) 덕트직경[mm]	장방형 덕트 장변치수[mm]	원형(나선형) 덕트직경[mm]
0.5	450이하	450이하	-	200이하
0.6	450~750	450~750	-	200~600
0.8	750~1,500	750~1,000	450이하	600~800
1.0	1,500~2,250	1,000이상	450~1,200	800~1,000
1.2	2,250이상		1,200~2,250	-

4) 덕트설계법 및 각종 계산
   ① 덕트의 설계법
      ㉠ 정압법(등마찰손실법) : 덕트의 단위길이당 마찰손실을 일정하게 하는 방법
      ㉡ 등속법 : 덕트의 각 부분에서의 풍속을 일정하게 하도록 하는 방법
      ㉢ 정압재취득법 : 각 취출구 또는 분기구 직전의 정압이 일정하게 되도록 하는 방법

제3장. 공기조화

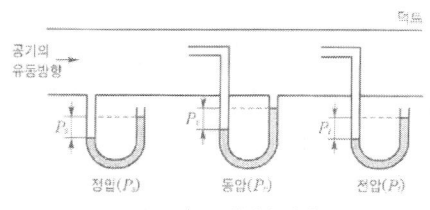

[덕트에서의 공기의 압력]

② 덕트에서의 각종 계산
  ㉠ 전압과 정압, 동압
    전압(P_t) = 정압(P_s) + 동압(P_v)
  ㉡ 원형 덕트에서의 풍량

$$Q = A \cdot V = \frac{\pi}{4} d^2 \cdot V$$

Q : 풍량[m^3/s]
A : 단면적[m^2]
d : 지름[m]
V : 속도[m/s]

  ㉢ 덕트에서의 마찰손실 수두

마찰손실수두
$$H_L = \lambda \cdot \frac{l}{d} \cdot \frac{V^2}{2g}$$

- 압력강하
$$\Delta P = \lambda \cdot \frac{l}{d} \cdot \frac{V^2}{2g} \cdot \gamma$$

λ : 마찰손실계수
l : 덕트길이[m]
d : 덕트내 지름[m]
V : 풍속[m/s]
g : 중력가속도[m/s^2]
γ : 공기의 비중량[kg_f/m^3]

> ※ 공기의 마찰손실은 덕트길이, 풍속, 비중량에 비례한다.

5) 덕트의 설계 및 시공시 주의사항
① 덕트의 종횡비(정방비)는 4 이내로 한다.
② 곡부 부분은 되도록 큰 곡률반경을 취한다.
③ 덕트의 확대각도는 20[°] 이하, 축소각도는 45[°] 이내로 한다.

> ※ 캔버스 이음 : 송풍기에서 발생한 진동이 덕트에 전달되지 않도록 한 이음

6) 댐퍼
덕트 도중이나 취출구에 설치하여 풍량을 조절하거나 폐쇄시키는 기구
  ① 댐퍼의 종류
    ㉠ 풍량조절, 분배용 댐퍼
    - 단익(버터플라이) 댐퍼 : 소형덕트에 사용
    - 다익(루버)댐퍼 : 2개 이상의 날개를 가진 댐퍼로서 주로 대형덕트에 사용
    - 스플릿 댐퍼 : 분기되는 덕트에 설치하여 풍량조절이나 폐쇄용으로 사용
    ㉡ 기타 댐퍼
    - 방화댐퍼 : 화재발생시 덕트를 통해 화염이 다른 실로 전달되지 않도록 한 댐퍼
    - 방연 댐퍼 : 실내의 화재시 발생한 연기가 다른 구역으로 이동하는 것을 방지하는 댐퍼

> ※ 도달거리 : 취출구에서 토출기류의 풍속이 0.25m/s로 되는 위치까지의 거리

  ② 콜드 드fp프트의 원인
    ㉠ 인체 주위의 공기온도가 너무 낮을 때
    ㉡ 기류속도가 너무 빠를 때
    ㉢ 습도가 낮을 때
    ㉣ 벽면의 온도가 너무 낮을 때
    ㉤ 극간풍이 많을 때

7) 취출구, 디퓨져
덕트에서 공기를 실내로 토출하기 위한 장치
  ① 부착 위치에 따른 구분
    ㉠ 천장형 : 아네모스텟형, 팬형, 펑커루버형, 라인형
    ㉡ 벽부형 : 그릴, 레지스터, 유니버셜형, 노즐형
  ② 취출구의 종류
    ㉠ 그릴 : 격자형으로 셔터가 없는 것
    ㉡ 루버 : 격자형으로 눈, 비의 침입을 방지하기 위하여 물막이가 붙어 있는 것.
    ㉢ 레지스터 : 격자형으로 셔터가 붙어 있는 것

8) 환기 방법
  ① 자연환기 : 공기의 온도에 따른 비중량 차를 이용한 환기방식
    ㉠ 풍압을 이용
    ㉡ 온도차 이용
    ㉢ 풍압과 온도차 병용
  ② 기계환기 : 송풍기 등을 이용하여 강제로 환기하는 방식
    ㉠ 제1종 환기(병용식) : 급기팬 + 배기팬(보일러실, 병원수술실 등)

ⓒ 제2종 환기(압입식) : 급기팬 + 배기구(실내정압, 반도체공장, 무균실 등)
  ⓒ 제3종 환기(흡출식) : 흡기구 + 배기팬(실내부압, 화장실, 주방, 차고 등)

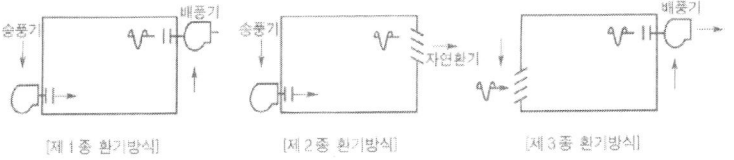

8. 난방설비

1) 보일러
① 보일러의 3대 요소 : 본체 + 연소장치 + 부속장치
② 보일러의 부속장치
   급수장치, 급유장치, 송기장치, 통풍장치, 안전장치, 분출장치, 폐열회수장치 등

> ※ 공기예열기 : 보일러 배기가스의 폐열을 이용하여 연소용 공기를 예열하는 장치
> ※ 급수예열기(절탄기, 이코노마이저) : 보일러 배기가스의 폐열을 이용하여 급수를 예열하는 장치
> ※ 방폭문(폭발구) : 연소실내에서 연류누입이나 미연소가스에 의한 폭발을 방지

③ 보일러의 종류
  ㉠ 노통보일러 : 본체 내부에 노통(연소실)을 설치하여 물을 가열하는 보일러로서 노통이 1개인 코르니시보일러와 노통이 2개인 랭커셔보일러가 있다.
  ㉡ 연관보일러 : 본체 내부에 연관을 통해 연소가스가 통과하여 물을 가열하는 보일러
  ㉢ 노통연관보일러 : 내분식으로 노통보일러와 연관보일러의 장점을 취한 것으로 구조가 치밀하며, 콤팩트한 구조로서 전열면적이 커 증말능력이 좋고 열효율이 좋아 난방용 등에 많이 사용
  ㉣ 수관식 보일러 : 상하부의 드럼에 고압에 잘 견디는 다수의 수관을 연결한 것으로 외분식으로 전열면적이 크고 효율이 가장 좋은 고압 대용량 보일러로서 외형은 사각이며, 산업용으로 많이 사용
  ㉤ 주철제 보일러 : 최고사용압력이 $1[kg_f/cm^2]$이하 저압용으로 섹션의 증감으로 용량조절이 용이함

> ※ 원통형 보일러의 종류 : 입형, 노통, 연관, 노통연관보일러

④ 보일러에서의 각종 계산
  ㉠ 상당증발량

$$G_e = \frac{G_a(h_2 - h_1)}{539}$$

G_e : 상당증발량[kg/h]

G_a : 실제증발량[kg/h]

h_2 : 발생증기의 엔탈피(온도)[$kcal/kg, °C$]

h_1 : 급수의 엔탈피(온도)[$kcal/kg, °C$]

  ㉡ 보일러 열효율(η)

$$\eta = \frac{열출력}{연료소비율 \times 저위발열량} \times 100(\%)$$

$$= \frac{Q}{G_f \times H_l} \times 100(\%)$$

$$= \frac{G_a(h_2 - h_1)}{G_f \times H_l} \times 100(\%)$$

2) 난방설비
  ① 증기난방 : 증기의 응축잠열을 이용하여 난방
  ㉠ 특징

장 점	단 점
- 증기의 보유열량이 커 열운반능력이 좋다. - 열용량이 적어 예열시간이 짧고 신속한 난방이 가능하다. - 방열기 면적을 작게 할 수 있고 관경이 작아도 된다.	- 실내의 상하 온도차가 커 쾌감도가 떨어진다. - 난방부하에 따른 방열량 조절이 곤란하다. - 응축수관에서의 부식과 한냉시 동결의 우려가 있다.

  ㉡ 증기난방의 분류

구분	방식	내 용
증기압력	고압식	증기의 압력 1.0[kg/cm^2] 이상(1~3[kg/cm^2] 정도)
	저압식	증기의 압력 1.0[kg/cm^2] 미만(0.1~0.35[kg/cm^2] 정도)
배관방식	단관식	증기관과 응축수관이 동일하게 하나로 구성
	복관식	증기관과 응축수관이 별개로 구성

공급방식	상향식	증기공급주관을 최하층으로 배관하여 상향으로 공급
	하향식	증기공급주관을 최상층으로 배관하여 하향으로 공급
환수배관 방식	건식	응축수관이 보일러 수면보다 높은 위치
	습식	응축수관이 보일러 수면보다 낮은 위치
응축수 환수방식	중력환수식	응축수 자체의 중력에 의하여 환수
	기계환수식	펌프에 의하여 응축수를 보일러에 급수
	진공환수식	진공펌프로 응축수를 환수하고 펌프에 의해 보일러에 급수

② 온수난방 : 온수의 현열을 이용하여 난방
  ㉠ 특징

장 점	단 점
- 증기난방에 비해 쾌감도가 좋다. - 난방부하에 따른 방열량(온도) 조절이 용이하다. - 열용량이 커 실온의 변동이 적고 동결우려가 적다. - 취급이 용이하며 안전하다.	- 열용량이 커 예열시간이 길다. - 수두 제한에 의한 건물높이에 제한을 받는다. - 보유열량이 적어 방열면적과 관지름이 크다. - 방열기 면적 및 관지름이 커서 설비비가 비싸다.

  ㉡ 온수난방의 분류

구분	방식	내 용
순환방식	자연순환식 (중력식)	온수의 비중차를 이용하여 순환
	강제순환식 (펌프식)	순환펌프를 사용하여 강제로 온수를 순환
온수온도	고온수식	온수온도가 100°C 이상(보통 100~180°C)
	보통온수식	온수온도가 100°C 미만(보통 80~95°C)
	저온수식	온수온도가 100°C 미만(보통 65~85°C)

배관방식	단관식	온수공급관과 환수관이 동일하게 하나로 구성
	복관식	온수공급관과 환수관이 별개로 구성
	역환수관식 (리버스리턴)	각 방열기로 공급되는 공급배관과 환수배관의 길이(마찰저항)를 같게 하여 온수가 균등하게 공급
공급방식	상향식	온수공급관을 최하층으로 배관하여 상향으로 공급
	하향식	온수공급관을 최상층으로 배관하여 하양으로 공급

③ 복사(방사, 패널)난방

실내의 천장, 바닥, 벽 등에 가열코일(패널)을 묻어 코일 내에 온수를 공급하여 복사열에 의해 난방하는 방식

㉠ 특징

장 점	단 점
- 난방의 쾌감도가 좋다. - 실내 상하의 온도차가 적다. - 실내 방열기가 필요없어 바닥이용도가 좋다. - 상하 온도차가 적어 천장이 높은 실에 적합하다.	- 예열하는데 시간이 길어 부하에 대응하기 어렵다. - 시공하기가 어려워 시설비가 많이 든다. - 배관매립으로 고장수리 및 점검이 어렵다.

④ 온풍난방

㉠ 특징

장 점	단 점
- 열용량이 적어 예열시간이 짧다. - 신선한 외기도입으로 환기가 가능하다.	- 설치가 간단하며 설비비가 싸다. - 실내 온도분포가 좋지 않아 쾌적성이 떨어진다.

3) 방열기

① 방열기의 표준 방열량

㉠ 증기 사용시 : $650[kcal/m^2h]$

㉡ 온수 사용시 : $450[kcal/m^2h]$

② 방열기 도시기호

종 별	기 호	표 시
2주형	II	
3주형	III	
3세주형	3,3c	
5세주형	5,5c	
벽걸이(횡)형	W-H	
벽걸이(종)형	W-V	

※ 방열기는 벽에서 50~60[mm], 바닥에서 150[mm]의 거리를 유지해야 함.

제4장 배관일반

1. 배관재료 선정시 고려사항

① 관내 유체의 성질
② 유체의 압력과 관의 외압
③ 유체의 온도 및 화학적 성질
④ 관의 접합방법 등

2. 강 관

1) 사용압력에 따른 배관용탄소강관의 구분
① 배관용 탄소강관(SPP) : 350°C 이하, 10[kg/cm^2] 이하
② 압력배관용 탄소강관(SPPS) : 350°C 이하, 10~100[kg/cm^2] 이하
③ 고압배관용 탄소강관(SPPH) : 350°C 이하, 100[kg/cm^2] 이상
④ 고온배관용 탄소강관(SPHT) : 350°C 이상의 배관에 사용
⑤ 저온배관용 탄소강관(SPLT) : 0°C 이하의 배관에 사용
⑥ 배관용 아크용접 탄소강관(SPW) : 10[kg/cm^2] 이하의 증기, 물, 기름, 가스, 공기 등의 배관용으로 호칭지름 350~1,500[A] 까지 17종이 있다.

2) 강관 배관의 부속품
① 배관의 방향을 바꿀 때 : 엘보, 밴드
② 배관을 도중에 분기할 때 : 티, 와이, 크로스
③ 동일 지름의 관을 직선 연결할 때 : 소켓, 니플, 유니온, 플랜지
④ 지름이 다른 관을 연결할 때 : 레듀셔(이경소켓), 이경엘보, 이경티, 부싱
⑤ 배관의 끝을 막을 때 : 캡, 막힘 플렌지
⑥ 부속의 끝을 막을 때 : 플러그
⑦ 관을 분해, 수리, 교체하고자 할 때 : 유니온(소구경), 플랜지(대구경)

3) 나사절삭 공구
① 리드형 나사 절삭기 : 2개의 체이서(날)가 한 조로 구성
② 오스타형 나사 절삭기 : 4개의 체이서(날)가 한 조로 구성

> ※ 동력나사절삭기 기능 : 파이프 절단, 리머작업, 나사절삭
> ※ 강관배관의 나사산수
>   ① 15~20[A] : 14산　　② 25[A]이상 : 11산

  4) 용접이음(접합)의 장점
    ① 접합부의 강도가 크며 누수의 우려가 적다.
    ② 부속이 적게 들어 배관의 하중과 재료비가 감소한다.
    ③ 보온(피복)작업이 쉽다.
    ④ 가공이 쉬워 공정이 단축된다.
    ⑤ 관내 돌출부가 없어 마찰저항이 적다.

> ※ 용접 : 모재와 모재를 녹이거나 용접용을 사용하여 접합하는 야금적 접합

3. 동관(구리관)

동관은 열교환용이나 급수관 및 압력계 연결관으로 사용

1) 특징
  ① 유연성이 커서 가공이 쉽다.
  ② 내식이 우수하고 열전도율이 크다.
  ③ 가벼워서 시공이 용이하다.
  ④ 관이 매끄러워 마찰손실이 적다.
  ⑤ 알칼리에는 강하나 산에는 약하다.
  ⑥ 외부 충격에 약하다.
  ⑦ 가격이 비싸다.

2) 동관용 공구
  ① 토치램프 : 납땜, 동관접합, 밴딩 등의 작업을 하기 위한 가열용 공구
  ② 튜브밴더 : 동관 굽힙용 공구
  ③ 플레어링 툴 : 동관의 끝을 나팔형으로 만들어 압축접합시 사용하는 공구
  ④ 사이징 툴 : 동관의 끝을 정확하게 원형으로 정형하는 공구
  ⑤ 익스펜더 : 동관 끝의 확관용 공구
  ⑥ 튜브커터 : 동관 절단용 공구
  ⑦ 리머 : 튜브커터로 동관 절단 후 관의 내면에 생긴 거스러미 제거 공구

3) 동관의 이음방법
  ① 납땜이음
  ② 용접이음
  ③ 플레어이음
  ④ 플랜지이음

> ※ 플레어(압축) 접합
> 20[mm] 이하의 동관의 끝을 넓혀 접합하는 것으로 점검, 보수를 위해 해체할 곳에 사용

> ※ 열간벤딩시 적정 가열온도
> ① 동관 : 600~700[°C]   ② 강관 : 800~900[°C]

4. 밸브의 종류

1) 게이트 밸브
  유체의 흐름을 개폐하는 밸브로서 가장 많이 사용

2) 글로우브 밸브(스톱밸브)
  유체의 유량을 소절할 때 많이 사용하는 밸브

3) 앵글밸브
  유체의 흐름을 직각으로 바꿔주는 동시에 유량을 조절하는 밸브

4) 체크(역지)밸브
  유체의 역류를 방지하는 밸브
  ① 스윙식 : 수평, 수직배관에 사용
  ② 리프트식 : 수평배관에만 사용

5) 콕
  핸들의 1/4(90[°])회전으로 유로를 급속히 개폐할 때 사용

6) 조정밸브
  유량이나 액면을 조정하는 밸브(전자밸브, 2방밸브, 정수위밸브 등)

7) 감압밸브
  증가의 압력을 조정하나 유량조절

5. 배관 기타장치

1) 스트레이너(여과기)
   밸브나 기기 등의 앞에 설치하여 불순물을 제거

2) 증기트랩
   증기 중의 응축수를 배출하여 수격작용 방지

3) 배수트랩
   하수 배관에서의 악취나 해충의 유입을 방지

4) 신축이음
   배관의 팽창에 따른 신축을 흡수
   ① 신축이음쇠의 신축허용길이가 큰 순서
      루우프형 〉 슬리브형 〉 벨로우즈형 〉 스위블형
   ② 설치 : 강관은 30[m]마다 동관은 20[m]마다 1개씩 설치

5) 패 킹
   유체의 누설 방지
   ① 나사용 패킹 : 페인트, 일산화연, 액상 합성수지
   ② 플랜지 패킹 : 고무패킹, 석면패킹, 금속패킹 등

6. 배관 지지장치

1) 행거
   배관의 하중을 위(천장)에서 잡아주는 장치
   (리지드행거, 스프링행거, 콘스탄트 행거 등)

2) 서포트
   배관의 하중을 밑에서 떠 받쳐 지지하는 장치
   (파이프슈, 리지드서포트, 스프링서포트, 롤러서포트)

3) 리스트레인트
   열팽창에 의한 배관의 상하좌우 이동을 구속 또는 제한하는 장치
   (앵커, 스톱, 가이드)

4) 브레이스(완충기)
펌프나 압축기 등에서의 진동, 서징, 수격작용 등에 의한 진동 및 충격완화장치

7. 보온재

1) 구비조건
① 보온능력이 커야 한다.
② 비중이 적어야 한다.
③ 열전도율이 작아야 한다.
④ 기계적 강도가 있어야 한다.

2) 종류
① 유기질 보온재 : 펠트, 코르크, 기포성 수지, 텍스류 등
② 무기질 보온재 : 석면, 암면, 규조토, 탄산마그네슘, 규산칼슘, 유리섬유

> ※ 펠트 : 양모펠트와 우모펠트가 있으며 주로 보냉용으로 곡면시공에 용이

8. 배관내 유체에 따른 문자기호

공기	가스	유류(오일)	물	수증기
A (Air)	G (Gas)	O (Oil)	W (Water)	S (Steam)

9. 배관의 도시기호

〈이음기호〉

이음방법	표시기호	이음방법	표시기호
나사이음	—┼—	플랜지이음	—╫—
용접이음	—✕—	땜이음	—●—
턱걸이(소켓)이음	—⊂—	유니온이음	—╫╫—

〈밸브기호〉

밸브종류	표시기호	밸브종류	표시기호
게이트 밸브	⋈	글로브 밸브	⋈•
앵글 밸브		버터플라이 밸브	
다이아프램 밸브		체크 밸브	
볼 밸브	⊗	감압 밸브	

10. 배관의 길이 설계(실제배관길이(l))

실제길이 구하는 공식	표 시
실제길이 $l = L - 2(A - a)$ L : 배관의 중심길이 A : 부속중심길이 a : 나사삽입길이	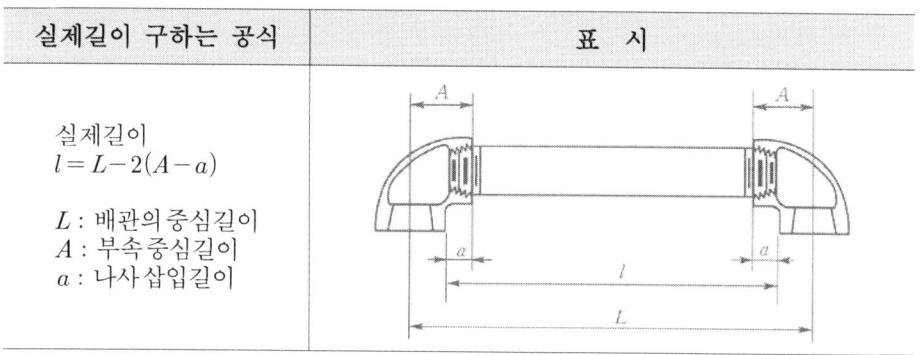

※ 45[°] 배관의 전체(중심)길이 : $L = 200 \times \sqrt{2}$

11. 곡관(밴딩부분)의 실제길이

실제길이 구하는 공식	표 시
$l = \pi D \dfrac{\theta}{360} = 2\pi r \dfrac{\theta}{360}$	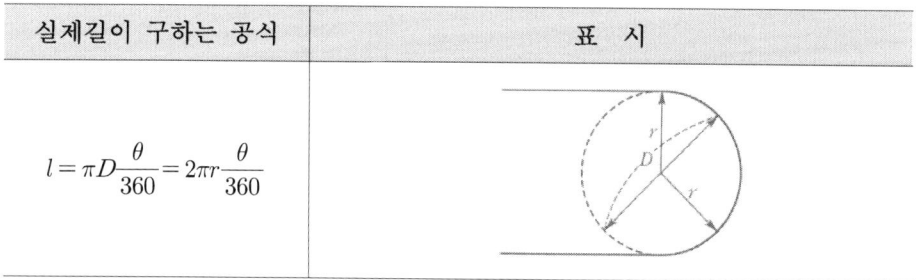

에듀컨텐츠 휴피아

| 입문 공조냉동기계기초 |

한 재 희 著

발행일 2022년 9월 1일
펴낸이 李 相 烈
펴낸곳 도서출판 에듀컨텐츠휴피아
출판등록 제2017-000042호 (2002년 1월 9일 신고등록)
주　소 서울 광진구 자양로 28길 98, 동양빌딩
전　화 (02) 443-6366
팩　스 (02) 443-6376
이메일 iknowledge@naver.com
Web http://cafe.naver.com/eduhuepia
만든이 기획·김수아 / 책임편집·이진훈 이유빈 이지은 이수민 김예빈 김채현
　　　　디자인·유충현 / 영업·이순우

정　가 15,000원
ISBN 978-89-6356-374-9 (93550)

ⓒ 2022, 한재희, 도서출판 에듀컨텐츠휴피아

＊ 본 책은 저작권법에 따라 보호받는 저작물이므로 무단 전재와 복제를 금지하며, 책 내용의 전부 또는 일부를 이용하려면 반드시 저작권자 및 도서출판 에듀컨텐츠휴피아의 서면 동의를 받아야 합니다.